チンギス・カンの戒め

モンゴル草原と地球環境問題

白石　典之　編

同成社

はじめに

「水と草を追って移動する。城郭や定住地はないし、
農耕もしないが、それぞれの領域はある。」
（司馬遷『史記』匈奴伝）

2009年８月、私はモンゴル国東北部のヘンティ県を訪れた。この地域はモンゴル帝国の始祖チンギス・カンが若き日を過ごした場所として知られている。私は彼の事跡をたどる調査のため、生まれ故郷とされるロシアとの国境に近い最北の村まで足をのばした。ブリヤートという少数民族が多く住むこの辺りは、一面の緑深い草原の中にあった。

モンゴルはここ十数年間、地球温暖化の影響か、急激な乾燥化が進み、草の生育が阻害されて、草原は砂漠のように赤茶けた荒れ野となっていた。この夏は久しぶりに雨が多く降ったとのこと。そのため美しい草原に出会うことができた。

さぞや遊牧民たちは喜んでいることだろう。私は長年この地で牧畜を営んできたというブリヤートの古老にたずねてみた。老人はしわだらけの浅黒い顔に薄ら笑みを浮かべて、ゆっくりと口を開いた。その答えは意外なものだった。

「草は生えたけど、ありゃみんなヨモギだよ。ヨモギなんかに家畜は見向きもしない。美味くないんだよ。しかも花粉を飛ばすし。おかげでワシは鼻水が止まらんよ。ヨモギは厄介者さ。二、三年この調子で雨の多い夏が続かなけりゃ、草原は元には戻らんよ」。

ヨモギは荒地向きの植物である。ここ数年の乾燥化で草原は荒地状態であった。そこに急に大雨が降り、最初に芽吹いたのがヨモギだった。

家畜にとってヨモギはあまり好物ではないらしい。家畜が好むイネ科の植物が生え揃うまでには、しばらく年月が必要とのこと。一度壊れた草原が回復するには時間がかかるのだ。

数日後、そこから南へ150 km 離れたデリゲルハーン郡を訪れた。そこはモンゴル帝国の君主の座についたばかりのチンギスが、最初に本拠地を置いたアウラガ遺跡のある地だ。私はここ20年来、毎年のようにそこを訪れている。きっとそこでも緑豊かな草原がみえるだろう。私はそう思いながら車に揺られた。

ところが期待はみごとに裏切られた。そこに近づくにつれて、赤黄色い風景が目の前に広がり始めたのだ。ヘンティ南部は北部とは真逆で、この夏はまとまった雨が一度も降らず、草は芽吹いた直後の丈の低い状態で、あわれにも枯れ果てていた。

そこには遊牧生活を送る古くからの友人がいる。心配そうに家畜の状態をたずねると、彼は顔を曇らせて、「ここ数年、草の生えは悪いけど、今年の干ばつはひどいね。これじゃ雪が降ったら家畜は全滅だよ。もういい加減にしてほしいよ」と、あきらめたように語ってくれた。

＊　　＊　　＊

このようにわずか百数十キロの違いで、草の生育が極端に異なるということも驚きなら、草に違いがあること、家畜にも嗜好があるということ、牧畜に向く草原の形成には年月が必要だということも興味深い。草原は環境変化に対してきわめてデリケートに反応する。そして、そのような草原に依存する遊牧、遊牧に立脚した社会もまた、非常に脆い土台の上に存在していることがわかる。

遊牧民の間でもっとも恐れられている自然災害は、「ツァガーン・ゾド」

と呼ばれる寒雪害である（本書Ⅲ-2参照）。春先、越冬による消耗した体力で出産期を迎える家畜を、季節はずれの大雪と寒波が襲うものである。直接の原因は雪と寒さだが、その根本の原因は、前年の夏の干ばつにあるといわれる。十分な栄養補給ができないまま越冬したからだ。

そのような寒雪害回避のため、古くから用いられてきた方法に、夏のうちに生育の良い地域の草を刈り、それを蓄えておき、災害時に被災地に供出するというものがある。草のバックアップ体制とも呼べる。

ただ、これがうまく機能するためには、広域での相互援助体制が確立していることと、それを維持管理する統治システムの存在が不可欠であろう。実際1990年代に寒雪害がモンゴル各地で多発したが、その背景には社会主義体制崩壊後の政治・経済の混乱があったと指摘される。つまりバックアップが機能しなかったのだ。

草原の国の統治者、すなわち遊牧民のリーダーにとって、自然災害への適切な対処能力は重要な要件となる。逆にみれば、一般の遊牧民たちは危機管理能力に優れた指導者のもとに集まる。家柄よりも能力のある者が草原の支配者として相応しい。チンギス・カンもそうであったに違いない。

＊　＊　＊

私がモンゴルと関わるようになったのは、1990年のことである。駆け出しの考古学者として、モンゴル帝国時代、とくにチンギス・カンのころに残された遺跡を、日本とモンゴルの先輩学者の指導を仰ぎながら調査した。純朴な人びと、雄大な自然、そして手つかずの遺跡に魅せられ、以来、毎年のようにモンゴルに訪れ、大地をくまなく歩いた。

そのなかで、ひとつの疑問が浮かんだ。果てしなく広がる草原と、そこで草を食む家畜以外に、人口が少なく、資源も乏しいモンゴル高原から、いかにしてあのような強大な国家が生まれたのかと。

そして20年近いフィールド調査の結果、草原こそに、その答えが隠されているという結論に達した。一見、草以外には何もないように見える草原だが、そこに秘められた大きなパワーがあるにちがいないと、また、長年モンゴル高原に暮らしてきた遊牧民には、その隠れたパワーを引き出すノウハウが備わっているのでないかと、注目している。

環境変化と自然災害、そのバックアップ体制、草原における自然と人間との関わり合いを正しく理解しないかぎり、チンギス・カンの勃興、モンゴル帝国の興隆の謎は解決できないのではないかと思うようになった。

ほかに気がかりもある。それは冒頭にも述べた乾燥化だ。とくにもともと降水量の少ない南部、ゴビ周辺では深刻で、砂漠化が進行している。その原因は地球温暖化という世界規模での環境悪化だけではない。「過放牧（草原の収容力を超え多大な頭数の家畜を放牧）」、草を根こそぎ食べるヤギの増加（カシミヤの原料として高値で取引されるため）、あるいは耕作地の増大、鉱山開発などといった、人為的・局地的な環境破壊が背景にあるとされる。

私がモンゴルと付き合うようになった20年の間、年を追うごとに草原の荒廃は酷くなっている。何とか早く手を打たなければならない。遊牧生活、ひいては“草原の国モンゴル”そのものを根底から揺さぶる問題であると同時に、まきあがる砂塵が東アジア規模での大気汚染を引き起こしているからだ。

＊　＊　＊

そこで私は、モンゴルで長くフィールドワークを行っている研究者に声をかけ、2005年からモンゴルの環境問題を考える学術プロジェクトを組織している。文系と理系がともに集った、学融合と呼ばれる形態の研究グループで、メンバーの専門は歴史学、考古学、地理学、気候学、生態学、民族学などとさまざまだ。時の流れをさかのぼり、先人たちの自然に対する接し方や反省点を学ぶことによって、モンゴル帝国期だけでなく、現在の環境問題の解決策、さらに未来への持続的発展社会の創出をも提言したいと考えている。

研究開始から５年が経ち、ようやく方向性が見えてきた。そこで成果の萌芽をまとめようという話が持ち上がった。本書が企画された経緯である。研究は緒についたばかりで、これといった具体的な解決策を打ち出したわけではない。ただ、現状を正しく伝えて、読者の方々に関心を持っていただき、これから共に知恵を出し合い、よりよい草原地域の環境保全を考える契機にしたいと考えている。

私たちの目論みは、むずかしい方法や理論を提示すること、あるいは高額な機材を供与したり、莫大な資金を要するプロジェクトを組織したりすることではない。モンゴル高原に暮らす人びとに、祖先が草原とどのように向き合っていたかを思い出してもらい、もう一度草原を見つめ直してほしい、というメッセージを発信することだ。

お節介のようだが、私たちは、他人に言われて初めて、自分の故郷の良さに気づくことがある。モンゴルの草原の良さに気づいているのは、現地に暮らす人びとよりも、案外、私たち外国に暮らす人間の方かもしれないと、ひそかに自負している。

編者　白石典之

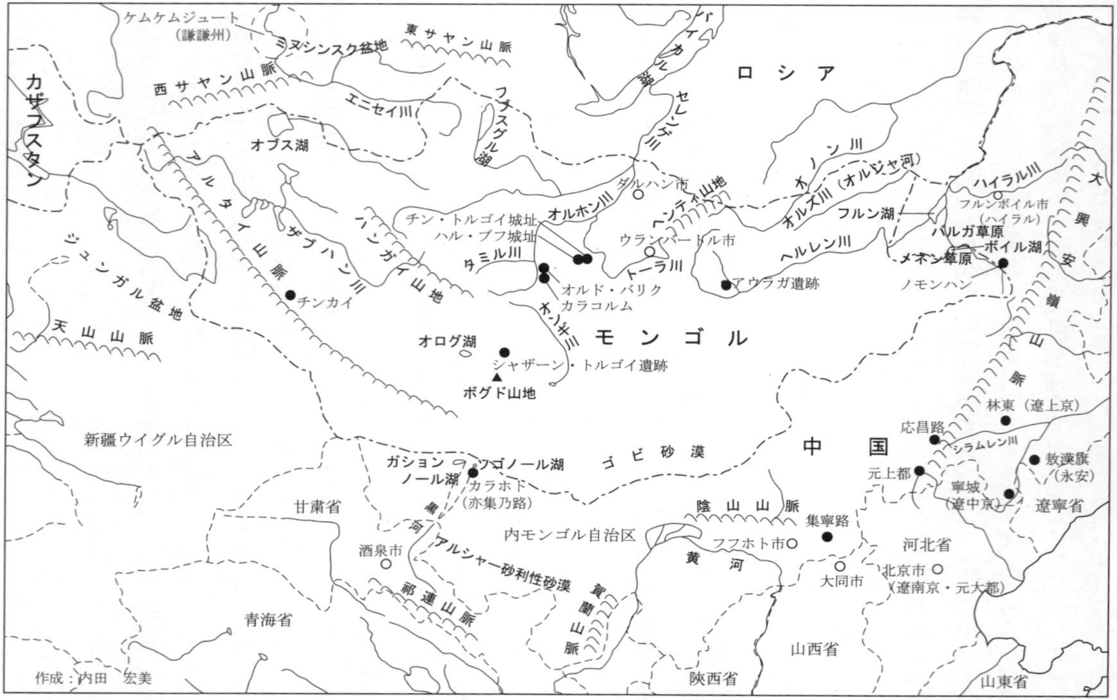

モンゴル高原とその周辺の地勢および本書で扱う主な遺跡配置図

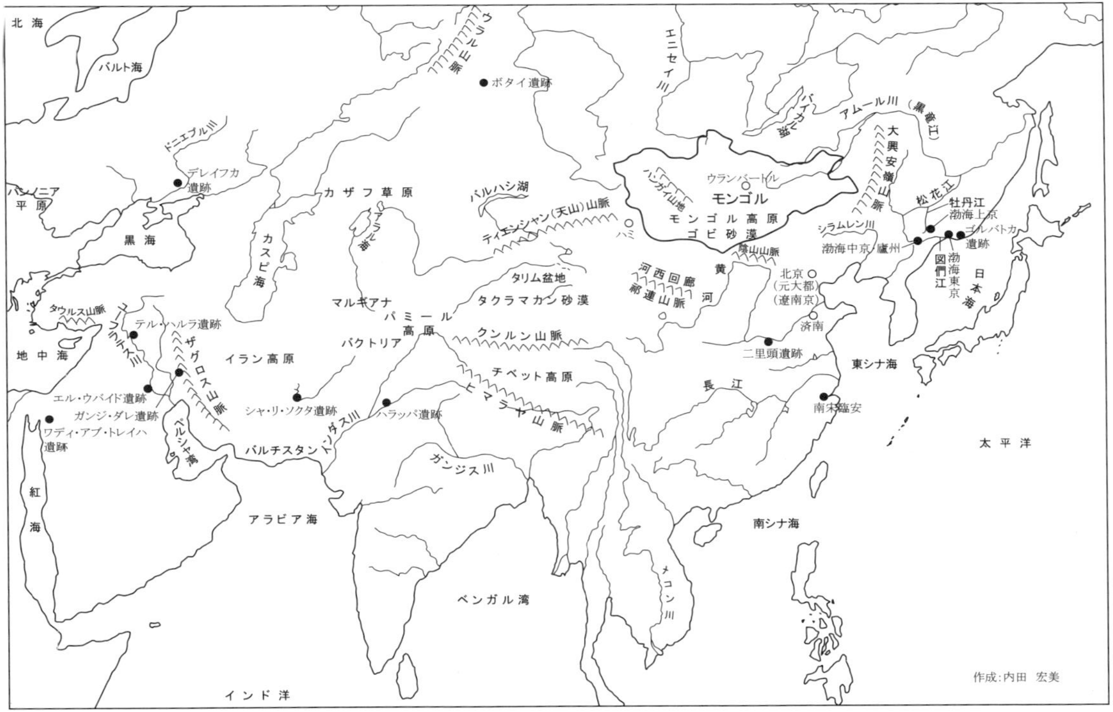

ユーラシアの地勢と本書で扱う主な遺跡配置図

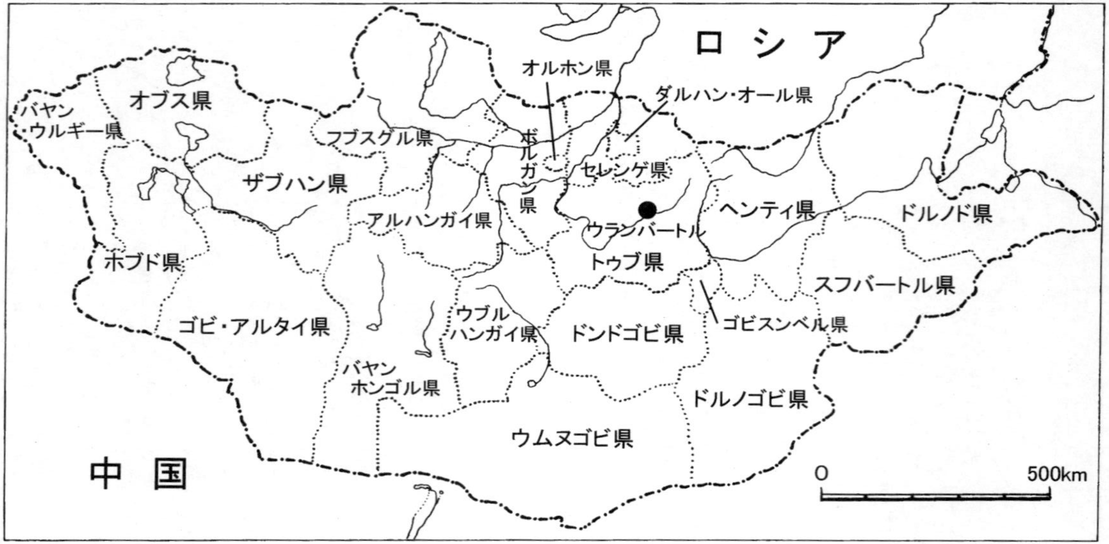
ロ シ ア
オブス県
バヤン
・ウルギー県
ザブハン県
フブスグル県
オルホン県
ボルガン県
ダルハン・オール県
セレンゲ県
アルハンガイ県
ウランバートル
ヘンティ県
ドルノド県
ホブド県
トゥブ県
スフバートル県
ゴビ・アルタイ県
ウブル
ハンガイ県
ドンドゴビ県
ゴビスンベル県
バヤン
ホンゴル県
ドルノゴビ県
ウムヌゴビ県
中 国
0
500km

モンゴル国の行政区分

目　　次

【担当執筆】

Ⅰ—1　白石典之

Ⅰ—2　篠田雅人

Ⅰ—3　ナチンションホル　G. U.

Ⅰ—4　本郷一美

Ⅰ—5　村田泰輔

Ⅰ—6　秋山知宏

Ⅱ—1　松田孝一

Ⅱ—2　小畑弘己

Ⅱ—3　村上恭通

Ⅱ—4　加藤雄三

Ⅱ—5　尾崎孝宏

Ⅲ—1　萩原守

Ⅲ—2　篠田雅人

Ⅲ—3　相馬秀廣

Ⅲ—4　ナチンションホル　G. U.

I　草原を知る

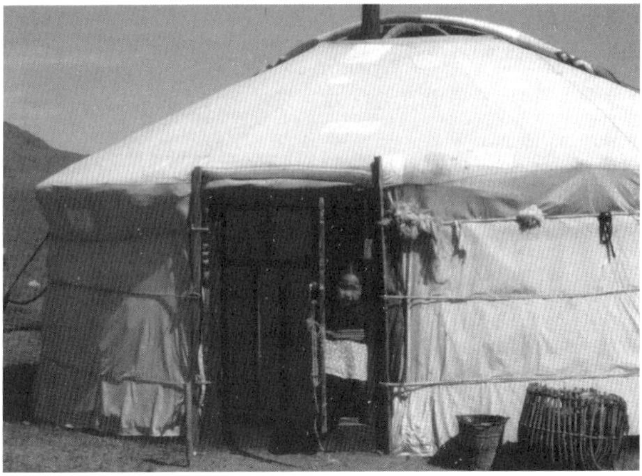

ヘンティ県デリゲルハーン郡にて（1992年6月）

1　温故知新の環境問題

進む環境破壊

日本列島に春の訪れを告げる自然現象のひとつに黄砂がある。これはユーラシア大陸中央部の砂漠地帯で強い風で舞い上がった砂の細粒が、大気の流れによって飛んでくることにより起こる。最近では、その量と回数が増加し、視界を遮り交通の障害になるばかりか、呼吸器系の疾患にも悪影響を与えるとされ、厄介ものになっている。

黄砂の主な起源地は、中国北部からモンゴル国にかけての、広大なゴビと呼ばれる砂礫地帯だといわれている。原因は地球温暖化などが考えられているが、それよりもゴビおよびその周辺にひろがるモンゴル高原での人為的な環境破壊に求められるという。農地拡大と無理な牧畜の結果、草原が荒れて、砂漠化が進行していることが関係している。

“モンゴル”といえば紺碧の空と果てしなく広がる蒼い草原を思い浮かべるかもしれない。そこで営まれる遊牧民と家畜ののどかな生活……。だが、それは過去のものになりつつある。モンゴル高原は大きく中国内モンゴル自治区とモンゴル国とに分かれる。近年の中国の経済発展は周知の通りだが、モンゴル国でもGDPが前年比10%に近い経済成長を続けている。国民生活は豊かになっている反面で、深刻な公害問題に直面している。

モンゴル国の首都ウランバートルでは、道路の大渋滞が日常茶飯事となっている。その自動車の排気ガスと火力発電所などから出る煤煙で、

図1　煙るウランバートルの空

ラッシュ時にはマスクが必需品となるほどだ。この街には国民総人口（約260万人、2008年現在）の約4割が集中する。華やいだ都市生活にあこがれ、遊牧生活を捨て田舎から出てきた未登録の住民が、周辺に無秩序に居を構える。行政の手は都市の環境整備にまでまわらず、あたりにはゴミの山が築かれている。それらは川にまで押し寄せ、日本では“幻の魚”といわれるイトウが棲む清流を汚す。

都市と連動して、伝統的遊牧生活が営まれている草原地帯にも異変が起き始めている。人口の流出で使われなくなった放牧地の荒廃が進んでいるのだ。草は家畜に食べられることにより、子孫を残そうと懸命に強くたくましくなる。家畜の糞尿が栄養にもなる。豊かな草原の維持には、放牧は不可欠なのだという。

一方で、遊牧を続ける遊牧民は、現金収入を得るために、カシミヤの原料として高値で取引されるヤギを多く飼うようになった。ヒツジやウシとは異なり、ヤギは根こそぎ草を食べる。そのためヤギを放牧すると草地が著しく痩せる。近年、ヤギの頭数が極端に増加していることは、草原に大きなダメージを与えることにつながっている。

また、急増する都市住民に供給するため、肉や乳製品を生産する牧民がウランバートル近郊に集中する。限られた草原は家畜であふれ、牧草は食い尽くされる。このように草原の生産能力を超えて家畜を放牧することを「過放牧」という。同時に、伝統的な肉や乳製品中心の食生活を捨て、野菜や穀類を多食するようになった都市生活者のための耕作地も拡大し続けている。もはや都市周辺から緑は消えかかっている。

ほころんだ生態系に、自然の猛威は容赦なく襲いかかる。まずは干ばつ。年間300 mm 程度の降水量が夏季に集中するモンゴルで、この時期の日照り続きは草の生え方に大きな影響を与える。それは家畜の成育にも直結する。干ばつが長く続けば、食べ物がなくて弱り果てた家畜は死に至る。

また、春先の寒雪害も深刻である。早春は出産期にあたり、遊牧サイクルのなかで最も重要かつ危険な時期である。出産で弱った母親と未熟な新生児を寒波が襲い、多くの家畜の命を奪う。この寒雪害をモンゴルでは「ゾド（ツァガーン・ゾド）」という（本書Ⅲ-2 参照）。牧民が最も恐れる自然災害である。近年、ゾドはモンゴル各地で毎年のように起こっている。その背景には人間活動が大きく関係するといわれている。

いにしえの戒め

しかしながら、モンゴル高原に暮らす人びとほど、自然の怖さやありがたさを熟知している人びとはいないのではないか。それは、最寒月の平均気温が－20℃を下回り、気温の年較差が40℃以上にもなり、しかも年降水量が最大でも300 mm という、人間の生活圏における最もきびしい環境、いわば「極限環境」の地域に住んでいるからだ。

自然を畏れ、敬い、そして守り、その恵みを程よく享受していたからこそ、匈奴、突厥、ウイグル、モンゴルといったユーラシア大陸にまたがる強大な国家を、つぎつぎに生み出すことができたと考える。そのひとつであるモンゴル帝国の始祖で、稀代の英雄チンギス・カン（ハンとも）の言葉の中に、モンゴル高原に暮らす人びとと自然との関わり方を知る上で重要な鍵がある。それは「草原を荒らすな」「川や湖の水を汚すな」という一見なんの変哲もない言葉である。

ここでそのチンギス・カンについて簡単に触れておこう。弱小部族に生まれたテムジンは、巧みな軍略で、瞬く間にモンゴル高原を統一した。1206年、広大で寛容という意味の「チンギス」の名を贈られ、「カン」の位に就く。モンゴル帝国（大モンゴル国）の誕生である。「カン（ハン）」とは王・族長の意味で、彼が「ハーン（皇帝）」と呼ばれるのは、死後しばらく経ってからのことだ。

歴史学的にいえば「チンギス・カン」が正しいのだが、現在のモンゴル人は当然のように「チンギス・ハーン」と呼ぶ。民族の英雄には皇帝の称号が相応しいからだ。モンゴル国の首都ウランバートルのアパートでも、草原のテント（ゲル）でも、必ずと言ってよいほど、彼の肖像画が飾られている。モンゴル人にとってチンギスは、まさに信仰の対象なのだ。

だが、彼の評価は歴史の中で大きく変化してきた。神と崇められた英雄が、一夜にして悪魔に貶められたこともあった。こんな経験がある。私と親しいあるモンゴル人は、敬虔な“チンギス・ハーン信奉者”だが、彼の事績をよく知らない。そのことをからかうと、顔を曇らせて「習わなかったからさ」と言った。その通り、中年以上のモンゴル国民は、学校でチンギスについて教わらなかった。この国にはかつて、彼の名前さえも口にできない時代があった。

1924年、中国の支配から脱した外モンゴル地域は、ソビエト連邦（ソ連）に次ぐ世界で二番目の社会主義国（モンゴル人民共和国）となり、あらゆる分野でソ連に依存していた。ソ連もモンゴル支配のために、民

図2　ウランバートル中心に建てられたチンギス像

族主義者を徹底的に弾圧した。その標的がチンギスだった。東欧や中央アジアを蹂躙したチンギスは、殺戮者としてスターリンから非難され、彼の信奉者は粛清の対象となった。

1989年、モンゴルに民主化の嵐が吹き荒れた。共産党系の「人民革命党」による一党支配にピリオドが打たれ、1992年には新憲法が制定され、国名は「モンゴル国」となった。すると、チンギスは民族自立の象徴として復活した。即位800周年にあたる2006年、ウランバートル市の中心に、巨大な彼の銅像が出現した。その姿は、かつて世界制覇を成し遂げた民族の誇りを謳うかのようだ。

民主化以降、歴史研究者の中に、チンギスを偉大な思想家とみる論調が目立つ。彼が征服戦争の先に求めたものは、万人が平等で平和に暮らせる社会だったと評価する。たしかに彼は民族の垣根を除き、宗教の自由も容認した。そして、彼の語録は民族の規範として今に伝わり、日常生活の随所に浸透している。彼の名を冠することで「必ず守らなければ」という義務感が、人びとに生まれるようだ。

その中には、先に触れた「草原を荒らすな」「川や湖の水を汚すな」といった環境倫理観も盛り込まれている。もっともこれらは、チンギス以前から、モンゴル高原の遊牧民が守ってきたことばかりだ。気候のきびしい土地で、自然の恵みに依存して暮らす彼らにとって、環境破壊は自殺行為だ。それを英雄の言葉に託して、強く戒めたのだろう。

ところが今、モンゴルの自然は危機に瀕している。その背景には急激な経済成長があることは述べた。その原動力のひとつが金、石炭といった豊かな地下資源である。大規模な外国資本が投入され、国全体がゴールドラッシュに湧いている。たしかにインフラ整備が進み、生活は確実に向上した。それ自体は喜ばしい。

だが、重機が草原に巨大な穴を開け、鉱石を積んだトラックが緑の平原に黒々と延びる舗装道路を排気ガスをまき散らしながら走り、鉱山の汚水は清流に垂れ流される。繁栄の代償として犠牲になっている大地の姿が痛々しい。

“チンギス・カンの戒め”に背き始めたモンゴルは、どこに向おうとしているのだろうか。

歴史は繰り返す

このような生態系に大きなストレスをかけている人間活動が、モンゴル高原で繰り広げられたのは、なにも最近のことだけではない。かつても同じような高度成長の時期があった。それは今から800年前。皮肉なことに、チンギス・カンの時代であった。

チンギスに率いられた強力なモンゴル軍は、瞬く間にユーラシア大陸を席捲し、その東西にまたがる巨大国家を建てた。国家経営のための拠点を各地に造った。それらは都市といってよい規模と内容を誇っていた。その住民の多くは中国系やイスラム系の人びとであった。国土拡大にともない、おびただしい人口が周辺からモンゴル高原へと流入し、都市を肥大化させていった。

当時の都市は、いわば現在の“工業団地”と“商業センター”を合わせたようなもので、各地から連行されたり、自主的に帰順したりした工匠や商人たちが、生産活動にあたる場所であった。“工業団地”では武器や生活道具のための鉄工房がいたるところで操業していた。その鉄滓や燃えかすは市街地脇に無造作に放棄された。風が吹くたびに、粉塵がまきあがっていたことだろう。工房の燃料は周辺の山林から伐採された。瞬く間に山肌はむき出しになっていった。なんとも荒涼とした風景が都市の周りに広がっていたのだ。

その代表的な例が、モンゴル帝国初期の首都カラコルムである。史料と考古遺物の伝えるカラコルムは、帝国の膨張に合わせるかのように、人口肥大を続けた。周辺では日常生活や手工業の燃料として森林が伐採され、大規模開墾によって草原が耕地に変わった。

そこを冷害や干ばつなどの自然災害が、毎年のように襲った。農業生産は激減し、穀物食に慣れた都市住民の生活を支えられなくなった。頼みの中国本土も、同様の異常気象の影響と、それに起因する内戦とで、とても他所をバックアップする余裕などなかった。カラコルムの機能は完全にマヒし、多くの流浪の民が生まれた。

わずか150年足らずで歴史から消えていったモンゴル帝国。その背後には、このような自然環境の変化と、人為的な環境破壊があったのではないかと、近年多くの研究者が指摘している。

“チンギス・カンの戒め”には、国家の繁栄と生活水準の向上の裏側で失われていった自然に対するモンゴル帝国の人びとの、悔恨の情と子孫への警鐘とが込められているような気がする。

それから800年が過ぎ、今また異常気象が地球を襲っている。砂漠化・公害など、同じことがモンゴルで繰り返されようとしている。私たちは真摯な気持ちで当時の人びとの言葉に耳を傾け、歴史から学び、将来の舵取りを熟考すべきである。

温故知新の環境保全

近年のモンゴル草原の惨状を見かねて、国際社会によるモンゴルの"自然環境の保全"、あるいは"自然と人間との共生"といった取り組みが盛んである。日本はその主導的役割を果たしている。モンゴルの環境悪化は遠い対岸の火事ではない。まさに火の粉が降り注ぎ始めているのである。冒頭に述べた黄砂や、大気汚染に起因する酸性雨といった問題がそれだ。東北アジア各国の連携で緊急に解決しなければならない課題だ。日本からは政府の援助だけでなく、NPOなど民間団体の支援活動も活発で、人的・物的両面で大いに貢献している。

たとえば、砂漠化した大地に木を植えて、緑をよみがえらせるという活動は、ポピュラーな支援のひとつであろう。樹木を植えることはそれ自体が緑化につながるが、成長すれば風障となり、地表の土や砂の飛散を妨げ、草の生育を助けることになる。その意味では有意義な活動であろう。

しかしながら、あたり構わず植えればよいというものではない。根付く可能性のない砂礫地に植えられ、枯れてしまった苗木を見ることほど、悲しく虚しいものはない。立ち枯れを防ぐため、地下水を大量に汲み上げ、スプリンクラーで散水している例も見受けられるが、降水量の少ない当地では、水資源の枯渇につながるのではと心配になる。環境保全のための取り組みが、環境破壊になっては、本末転倒だろう。援助対象地域についての知識不足だと批判されても致し方ない。

もちろん、問題は援助の受け手側にもある。いくら木を植えても、どんなに環境にやさしい機材を供与しても、モンゴルでは今日も煤煙が上空に漂い、プラスチックゴミは無秩序に投棄され、鉱毒に汚染された排水は垂れ流され続けている。これは日本でも同じことだが、環境問題で最も大切なのは、物資や道具を導入することではなく、そこの環境を守ろうとする住民の意識、つまり環境倫理の問題なのではないか。自分たちが主体となって守ろうという意識が成熟していない場所で、いくら保全を訴えても、住民は馬耳東風なのである。

だからといってモンゴル人に環境倫理が欠如しているとは言わない。先ほどから登場している“チンギス・カンの戒め”こそ、遊牧民が長年培ってきた伝統に根ざした環境倫理観なのである。

2006年にモンゴル帝国成立800周年を迎えて以降、人びとの関心はチンギスの軍略の巧みさや統治能力に集まっている。しかし、チンギスが意外にも環境に対して強い関心を払っていたことは、すでに述べた通りである。そこで、チンギスを崇拝する民族感情を利用して、伝統的な環境倫理観を普及していったらいかがかと考えている。先人の戒めを今に活かす、温故知新の環境保全である。お仕着せではない、そこに暮らす人びとの生活や信条に合った体制の構築こそ、もっとも望ましい姿だと思う。

草原世界の可能性

一言で草原といっても自然のものから人工の緑地まで多様であるが、草原生態系と呼ばれる地域は、地球の陸地の４分の１もの広大な面積を占める。

地球全体でみて、比較的降水量が少ない草原地帯は、気候変化や人間活動の影響を鋭敏に受け、瞬く間に砂漠へと変わってしまう。その原因は自然的要因ももちろんだが、過放牧や耕作といった人為的要因による場合も多いと指摘されている。そうであるならば、人間活動をうまくコントロールすることにより、ある程度の砂漠化は抑えられるはずだ。

しかし、この地域の人間活動を制御することは容易ではない。世界の貧困地域の多くが、まさに草原から砂漠という地帯にひろがっている。砂漠化の進行で、ほそぼそと営まれていた農牧業は破綻し、経済問題が政治対立や内戦へと発展する。その結果、多くの難民が生まれ、放棄された土地はさらに荒廃していくという悪循環に陥っているのが現状であろう。

草原地帯の保全と、そこに暮らす人びとの持続可能な発展を考えることは、地球人である私たち一人一人に課せられた責務であるといっても、けして大げさなことではないのだ。

それでは草原地帯でも発展は可能なのか。もちろん、答えは「イエス」である。それはモンゴルの歴史が教えてくれる。

すでに述べてきたようにモンゴル高原は、最寒月の平均気温が－20℃を下回る寒冷地で、また、気温の年較差が40℃にもなる。しかも、年降水量が最大でも300 mm という乾燥地域でもある。このような人間の生活圏における「極限環境」とでもいうべき地域であっても、匈奴やモンゴル帝国など強大王朝を生み出す原動力をもっていたことは注目できる。

草原は歴史上、私たちに有益なさまざまなものを生み出してきた。たとえば私たちが毎日食べる小麦などの雑穀類がある。これは西アジアの草原に生えているイネ科の植物を改良したものとされる。また、羊や牛の家畜化も、西アジアでの野生動物の囲い込みから始まったとされる。麦の栽培や放牧といった新たな生産形態は、ユーラシア大陸を東西に貫く草原帯（ステップ・ベルト）を伝わって、瞬く間に世界中に広まった。

さらに、そこでは騎乗や馬車といった交通手段が生みだされた。いずれも今日の交通や物流の基礎となっている。

まだまだ草原には大きな可能性が秘められているのではないか、と私は考えている。そして、草原の持っている能力を「草原力」と名付けてみた。漠然としているが、草原には多様な力がある。たとえば、どのくらいの家畜を養えるか、どのくらいの穀物を生産できるか、どれだけ二酸化炭素を吸収して酸素を放出しているか、といったことは可視的・数量的に明示できる「草原力」である。それとともに、広大な草原が私たちの心を穏やかに、あるいは爽快にしてくれるという“癒し効果”なども、数値化はむずかしいが、これもまた「草原力」であり、観光産業などに役立っている部分である。

一方で、「草原力」とともに、草原に暮らす遊牧民が伝統的に獲得してきた環境マネージメント能力、たとえば草原の利用法、保全法、干ばつや冷害などの災害が起こったときの回避・回復システムといったものも重視したいと考える。それは草原に暮らす遊牧民が長年受け継いできた草原を活かすノウハウである。私はそれを「遊牧知」と名付けてみた。すでに述べた“チンギス・カンの戒め”が、まさに「遊牧知」にあたる。

「草原力」は一定ではない。自然環境の変化に応じて「草原力」も変化する。それによって人間活動も左右されるはずだ。もちろん人間活動のストレスによっても「草原力」は変化する。そのような刻々と変化する「草原力」から、それと調和しながら豊かな生活を築いていく知恵が「遊牧知」なのである。「遊牧知」というものをフルに使い、人間が節度ある活動を行えば、「草原力」をうまく活かし切ることができるはずだ。一方で、「遊牧知」がうまく活かされなかったとき、あるいは人間活動が活発すぎて「草原力」を超え過重な負荷をかけたとき、さらに「遊牧知」が顧みられなくなったときに、草原は荒廃する。

歴史からそれを見てみると、たとえば、「草原力」がフルに活かされたのが800年前のモンゴル帝国勃興であり、人間活動が「草原力」の限界を超えてしまったことがモンゴル帝国の衰退につながったと考えられる。そして、同じような「草原力」を超えた人間活動が、現在モンゴルの草原を蝕み始めているのだ。

草原に暮らす人びとが「草原力」を正しく把握し、それを十分に活かす術、あるいは回復させる術、つまり「遊牧知」を心得ていれば、よりよい持続可能な遊牧社会を創出できるはずだと考える。忘れ去られていた過去の「遊牧知」をどのようにして甦らせるか、現在に相応しい新しい「遊牧知」とは何かを明らかにする、そこにモンゴルの環境問題を考える上での鍵があるような気がする。

この「草原力」の熟知と「遊牧知」の活用は、なにもモンゴル高原に限ったことではない。地域や民族によって多少は異なるが、草原に暮らす民にとっては通奏低音のように、生活の中に共通して流れているものだと考える。そうであるならば、モンゴルでの事例は、世界各地の草原地域の環境保全にも役立つと考えている。

（白石典之）

2　草原の分布と気候

世界の草原分布

ここでは、まず世界の草原がどのような気候条件で成立しているか、その全体像を知ったうえで、中央ユーラシアの草原について述べ、最後に本書のテーマであるモンゴルの草原について解説する。

植生とは、1種類の植物でなく、ある地域に自然に生育している植物集団全体を示すものであり、そこに優占している植物の形態（生育型）に注目して類型化したのものである。図3は世界の植生分布である。一般的な植生の類型化では、まず、植生を森林と非森林に分類する。次に、森林を常緑樹、落葉樹、半常緑樹（または、半落葉樹）とに分ける。また、非森林には、乾燥の極に砂漠、寒冷の極にツンドラがあり、それらよりやや気候条件のよい地域には草原がある。草原の代表的なものとして、中央ユーラシアのステップ、北アメリカのプレーリー、南アメリカのパンパがある。これらは、温帯に位置していることから、温帯草原と呼ばれる。

草原とは、「主に草本植物で占められている植物群集」と定義される。中央ユーラシアの草原（ステップ）は、ユーラシア大陸の中緯度帯を西はハンガリーから東は中国・モンゴルまで帯状に伸び、その面積は2億5千万 ha に及ぶ（図3）。これは、北アメリカの草原（プレーリー）の3億5千万 ha 以上の面積に次ぐものである。

中央ユーラシアの草原は、北の北方針葉樹林（タイガ）と南の砂漠の

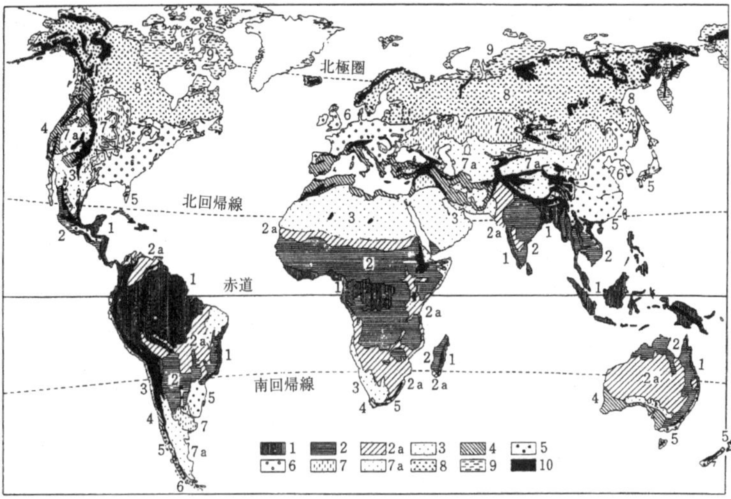

図3　世界の植生分布（ウォルター1985）

1：熱帯（多）雨林、2：熱帯半常緑樹林、2a：熱帯・亜熱帯の乾性林・サバンナ・グラスランド、3：熱帯・亜熱帯の半砂漠・砂漠、4：冬雨地帯の常緑硬葉樹林、5：暖温帯常緑広葉樹林（照葉樹林）、6：冷温帯夏緑広葉樹林、7：温帯草原、7a：寒冷な冬をもつ半砂漠・砂漠、8：北方針葉樹林、9：ツンドラ、10：高山植生。

間に位置し、大陸スケールでみてひとつの大植生帯を形成している。ただし、西部では落葉広葉樹あるいは針広混交林の細い帯が北方針葉樹林と草原の間に挟まる。草原の優占種はイネ科の多年生草本である。

世界の乾燥地の分布

乾燥地とは、一般的に「降水量が少なく、その多くの部分が蒸発や植物からの蒸散によって失われ、土壌水分が少ないため、植物のほとんどない砂漠や樹木の乏しい草原などの景観を呈する地域」と考えられている。つまり、乾燥地の自然の形成には、降水量が少ないこと、あるいは、

表1　乾燥地の区分（ミレニアム生態系評価2005aより作成）

区分	乾燥度指数	面積（×10^6 km^2）	陸地面積に対する占有割合（%）
極乾燥地域	＜0.05	9.8	6.6
乾燥地域	0.05-0.20	15.7	10.6
半乾燥地域	0.20-0.50	22.6	15.2
乾燥半湿潤地域	0.50-0.65	12.8	8.7
計		60.9	41.3

気候が乾燥していることがおおもとの原因となっている。乾燥地を定義するときに用いるさまざまな気候指標のなかで、現在、最も国際的に認知され、利用されているものは、国連環境計画（United Nations Environmental Programme：UNEP）およびミレニアム生態系評価（Millennium Ecosystem Assessment：MA）による、乾燥度指数（Aridity Index）である。乾燥度指数とは、年間の降水量を可能蒸発散量で割った値である。ここで、可能蒸発散量というのは、水が十分に供給されたときの蒸発散量であり、実際の蒸発散量（実蒸発散量）の上限値を与える仮想的なものである。乾燥地は乾燥度指数が0.65よりも低い地域（寒冷地域を除く）と定義され、その面積は全陸地の41.3%を占める（表1、図4）。この指標によると、温帯草原は、半乾燥気候～乾燥半湿潤気候の地域に位置していることがわかる。つまり、砂漠が成立するような極乾燥気候よりはやや湿潤な地域に分布している。

乾燥地において、実際の蒸発散量は降水量と等しくなっている。つまり、乾燥地では、雨は一時的に水溜りになるものの、時間がたてばすべて蒸発または蒸散してしまい、つねに水流のある河川を形成するにはいたらない。したがって、乾燥地では、出口のない河川（末無川）が形成される。

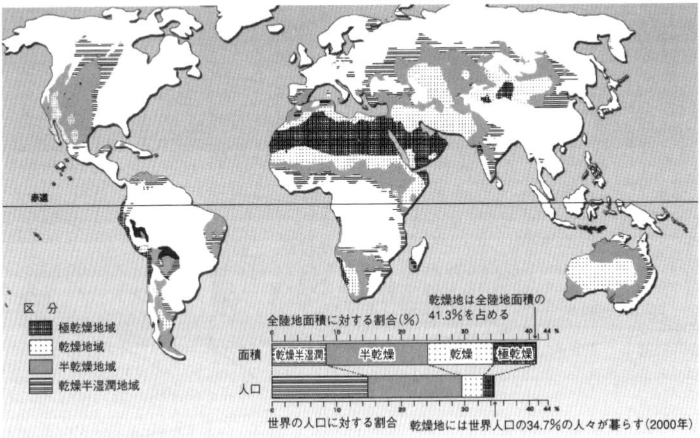

図 4　世界の乾燥地（乾燥気候）の分布（ミレニアム生態系評価2005bより作成）

乾燥気候の成因

温帯の草原や砂漠の成立に深くかかわっている気候要因として、まず、降水量が少ないことが重要である。温帯の降水は主に寒冷前線や温帯性低気圧によってもたらされるため、それらの影響がない、あるいは、少ない緯度帯が乾燥気候となる。降水が少ない第二の要因として、雨陰《あまかげ》効果と内陸効果があげられる。これらはどちらも、降水の源となる大気の水蒸気と関係している。大気が山脈の風上斜面でほとんどの水蒸気を雨として落とし、風下斜面で乾燥気候をもたらすことを雨陰効果という。また、水蒸気を運ぶ気流の方向にそれをさえぎる大きな山脈がなくても、大陸の奥深くには砂漠が存在する場合がある。これは、海洋上で多量の水蒸気を含んだ気流も、大陸上で吹走距離が長くなれば、その途上で降

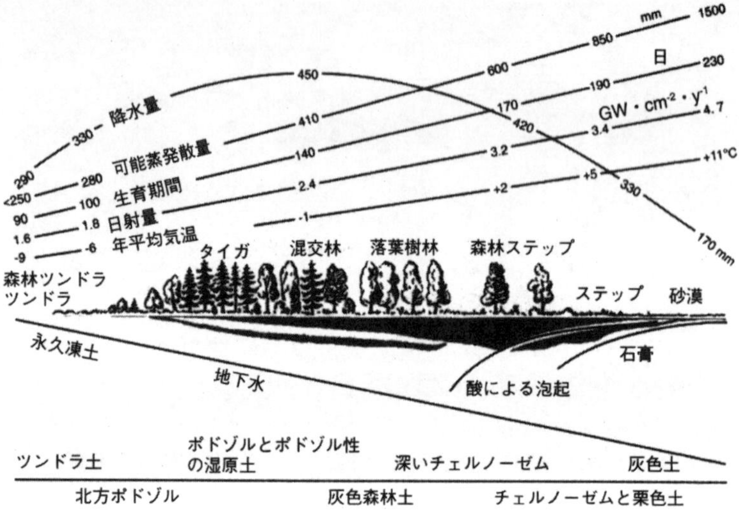

図5 北西から南東方向に東ヨーロッパからカスピ海付近の低地までの気候・植生・土壌の変化（ラルヘル2004より作成。氷河と砂漠を除く陸地では、蒸発は蒸発散を示す）

水として水蒸気を落としてしまうからである。これを内陸効果という。実際には、以上述べたような要因が複合して乾燥気候が形成されている。

中央ユーラシアの草原

すでに述べたように、中央ユーラシアの草原は半乾燥気候～乾燥半湿潤気候の地域とおおむね一致している（図3、4）。図5は、中央ユーラシアにおける乾燥勾配に沿った植生の変化を示している。降水量が可能蒸発散量を上回る地域では森林が分布するが、前者が後者を下回る地域では、植生は森林ステップ→ステップ→砂漠と変化する。北から南へと日射量が増加し、これが可能蒸発散量を増加させる。同時に、この日射量の変化は、気温を増加させ、植物の生育期間を長期化する。さらに、上述した植生・気候の緯度変化が、土壌の変化ももたらしている。

草原帯のなかでも植生の密度が高い北部にはチェルノーゼム（黒土）が分布している。チェルノーゼム土壌は、草原のイネ科植物（とくに細根）が生産する豊富なリターと腐植によって発達する。逆に、イネ科草本の根は、チェルノーゼムのような深くまで多孔質の土壌の中でよく生育する。このように、植生と土壌は相互作用をしているのである。また、イネ科草本は根系を水平方向や深部に広げることで土壌水分を獲得することができるので、乾燥気候によく適応しているということができる。このチェルノーゼムの南側には栗色土の地帯が広がっているが、ここには、短茎のイネ科草本が優占する草原がある。このように草原の植生と土壌の分布は密接に結びついている。

中央ユーラシア草原は一大植生帯を形成しているが、その東西で気候・植生が異なっている。すなわち、東経80〜90度の山地域を境に西にあるカザフ草原では雨季が春を中心として訪れるため、この降水を利用して植物活動が春に盛んであるが、夏には降水が減少するため植生活動は衰える。さらに、冬季の最大積雪深が20〜50 cm もあるため、この融雪水が春にいっきに土壌水となり、気温上昇ともに植生活動を促す。

一方、東のモンゴル草原では雨は６〜８月に集中し、冬季の降水は少ない。最大積雪深となる１月の積雪深はモンゴル国で平均するとわずか３〜４cm であり、植生活動に対するこの融雪水の影響は小さい。このような気候条件では、夏の降雨の増加とともに根圏の土壌水分が増加すると、植生活動が活発となる。

モンゴル草原

モンゴル草原は北緯44～50度の緯度帯に位置している。それを細分すると、北から南に気候が乾燥するのにともなって、植生は森林草原（forest steppe）から、草原（steppe）、砂漠草原（desert steppe）へと変化する。モンゴル草原では、南部を除くほとんどの地域で年平均気温が０℃以下になる。このような気候条件により、永久凍土帯は北緯47度まで南下している。年によって、気温の年較差が90℃（－50℃～40℃）になる場合もある。年降水量は、100～400 mm と幅がある。植物の生育期間は１年のうち100～130日しかない。

（篠田雅人）

3　モンゴル高原の植生

モンゴル高原のかたち

モンゴル高原はユーラシア大陸東部分に位置し、北をサヤン山脈とバイカル湖、西をアルタイ山脈と天山（テンゲル）山脈、南を賀蘭（ホラン）山脈と陰山（モニ）山脈、東を大興安嶺（ヒャンガン）山脈に囲まれている。モンゴル高原ではほとんどの地域の海抜が1000 m を超え、海からの湿潤な空気がその南西に位置するチベット高原､南の陰山山脈、東の大興安嶺山脈によってほとんど遮断され、乾燥寒冷な気候が卓越している。そのため、草原はモンゴル高原では最も広く分布している植生であり、高原の中部に東西を貫く形で広がる。

モンゴル国はモンゴル高原のほぼ中央に位置し、国土面積は156.4万 km^2、平均海抜高は1580 m である。

モンゴル高原の気候

モンゴル国の南部では、植物の芽が吹き始めるのは４月の上旬であるが、北部では４月の下旬になる。秋が訪れ、植物の成長が停止するのが北部では９月の中旬、南部では10月の上旬である。春先の３月から気象状況はきわめて不安定で、５月の下旬にかけて突然の寒波に襲われることがしばしばある。一年にわたって植物の生育可能な期間は平均100～130日しかない。年間平均気温は比較的温暖な南部を除いてほとんどの地域では０℃を下回っている。永久凍土の南限は北緯47度付近まで南下している。

モンゴル高原では、年降水量は少なく、そのほとんどが温暖な季節に集中している。比較的湿潤な北部の山岳地帯では年降水量が400～500 mmであるが、南部のゴビ砂漠では100 mmを下回る地域が多い。また降水量は年々での変動が大きい。たとえば、森林草原と草原の境に位置する首都ウランバートルでは、1943年に降水量が380 mmに達し、6月だけで108 mmの降水があった。一方で1944年の年降水量は118 mmしかなく、乾燥した砂漠地帯とほとんど差がなかった。モンゴル高原の南部では、変動がさらに大きくなる傾向がある。南西部の砂漠地域では、まったく降水がない年もある。

降水量の季節分布をみると、春には年降水量の8～15%しか降らないため、乾燥がきびしい。冬には降雪量は少ないが、気温がきわめて低いため降った雪が積もって春先まで融けることがなく、人間と家畜の飲用水の源の役割を果たす。南部のゴビ砂漠では降雪量が少なく、パッチ状にしか積もらない。夏の降水の不均一さが、北から南に向かって増える傾向がある。秋には降雨量が比較的に少なく、晴れた穏やかな日が多いため、植物の地上部が腐敗せずに乾燥し、家畜にとって越冬用の重要な糧になる。

植物資源と遊牧

気温、水分条件、土壌の栄養、地形と風など物理的な要素により、モンゴル国の植生は、①高山、②山岳タイガ、③山岳森林草原、④草原、⑤砂漠草原、⑥砂漠と大きく6つの帯に区分されている（図6）。

これらのうちから、草本層が発達していない山岳タイガ植生と植物の生産量が著しく低い一部の砂漠地域を除いて、国土面積の78.1%に相当

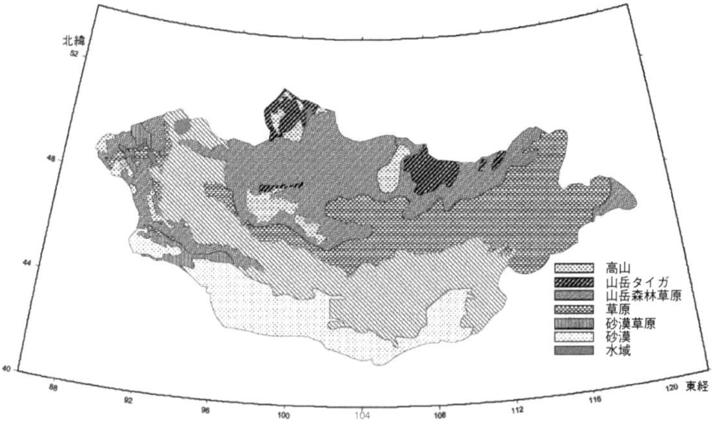

図 6　モンゴルの植生分布図（ユナトフ1976より田寛之作成）

する122.13万 km^{2}が一年を通して放牧地として利用されている（ツェレンダシ 2001）。記録されている2443種の高等植物のうちおよそ600種が家畜の牧草となる（ジグジドスレン 2003）。

各植生帯ではそれぞれ異なった特徴をもった牧畜が行われている。つぎに各植生帯における牧畜の特徴を述べよう。

①高山植生帯

この植生帯は、ヘンティ山地では2000 m 以上、モンゴルアルタイ山脈では2300 m 以上、ゴビアルタイ山脈では2700 m 以上、ハンガイ山地では2300 m 以上、南ハンガイでは2700 m 以上の高地に位置する。

高山植生帯の下の縁に広がる平坦な山頂、湿潤な斜面と谷筋では、草本の場合、双子葉の種が少なく、冷涼と乾燥、冷涼と湿潤な環境に適した小型単子葉のカヤツリグサ科スゲ属、イネ科ヒゲナガコメススキ属、イネ科イチゴツナギ属の優占群落が多くみられる。木本は主に矮小化し

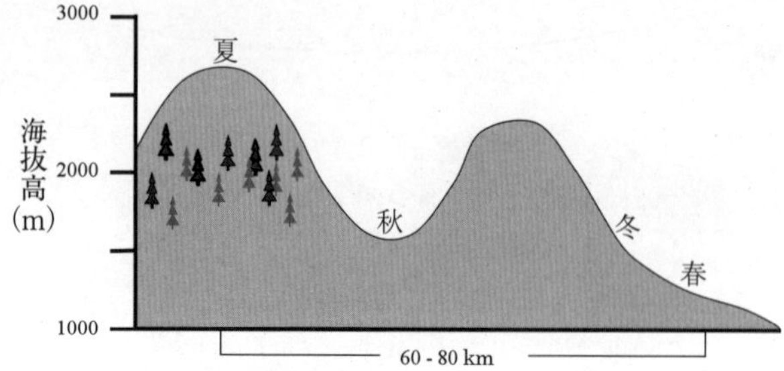

図 7　アルタイ山岳地域の遊牧パターン。横軸は年間移動距離、春夏秋冬が各季節の宿営地を示す。バザルグル（2005）をもとに作成した。

たカバノキとヤナギが点在する。この植生帯では温暖な季節に湿潤であるため、植物の生産力が高い。主な出現種の73.9％が家畜の嗜好性が高い植物で、放牧地として重要な役割を果たしている。

この植生帯に属するアルタイ山脈の遊牧では、緯度による気候と植生の差を利用する傾向が強い。夏は涼しさと牧草を求めて万年雪の裾で過ごし、秋は草の乾燥が比較的に遅い山間部の砂礫地帯で過ごし、冬と春はさらに南へ移動し、北西からの卓越風を遮る日当たりの良い山の南斜面で過ごすのが主な特徴である。このパターンでは、年間遊牧範囲の最長直線距離はおよそ60～80 km になる（図 7）。

②山岳タイガ植生帯

この植生帯は高山の中部斜面および二次山岳の平らな山頂に分布し、年降水量は300～500 mm である。植生はシベリアマツの純群落、シベリアマツとシベリアカラマツの混合林によって形成される。そのほかの木本種にはシベリアモミ、シベリアトウヒ、ハイマツのほか、いくつかの灌木種が主に出現する。草本群集の発達が弱く、ほとんどの種が家畜に

図8 山岳森林草原。森林と草原の境界がはっきりと分かれ、冷涼であるためヤクの飼育に適している。ウランバートル近郊。2000年8月。

よる嗜好性が低い。

③山岳森林草原

この植生帯の主な特徴は山岳地帯に森林と草原植生が混合して現れることである。その下限は場所によって異なり、ヘンティでは海抜高850～950 m、南西ハンガイでは1300～1400 m、北ハンガイでは1000～1200 m、南東ハンガイでは1400～1500 m、モンゴルアルタイの山々では1800～2000 m が一般的である。年降水量は300～400 mm である。

山の北斜面に木本群集、南斜面に草本群集が交互に出現すること、山の上部が木本群集であるが、山の縁が草本群集に囲まれていることが山岳森林草原の典型的な景観である（図8）。この植生帯では森林群集の要素としてカラマツ群落、マツ群落、カバノキ-カラマツ-マツ混合林のほか、草原群集の要素では双子葉-単子葉混合群落、イネ科ハネガヤ属の群落、イネ科チョウセンガリヤス属-イネ科ハネガヤ属の群落、キク科キク属-イネ科ハネガヤ属の群落、イネ科ウシノケグサ属-キク科キク属の群落が点在している。

谷筋の開けた先端、湿潤な斜面と低地には湿原が広がり、河谷と河川敷沿いに湿原と河川林、灌木林が分布している。土壌が砂質の丘や砂利が多い低地の斜面に沿ってイネ科コムギダマシ属、キク科ミノボロ属が優占する乾燥して草原化した湿地が分布することがある。山岳草原では基本的にイネ科の種が群落を優占しているが、土壌と地形によってイネ科の種の割合が変化し、異なる群落が織り混じって広がる。

開けた明るいシベリアカラマツの森では低木層が形成されるほどではないものの、ヤナギ、イバラ、エゾシモツケの仲間などが点在している。草本層が発達し、群落構成種には家畜による嗜好性が高い種が多くみられる。ヘンティ山地の周辺に伸びた分支の北側の混合林では、一番上の層に高さが25～30 mのシベリアカラマツとヨーロッパアカマツ、その次の層にカバノキとヤマナラシ、エゾムラサキツツジが第三の層を形成することがよくみられる。木本層の下に発達した草本層広がっていることが山岳森林の特徴である。モンゴル国では、山岳森林草原の草本群落の生産力が最も高く、主な出現種の7割以上が家畜の嗜好性が中程度以上であるため、牧畜業の重要な栄養資源である。気温が冷涼で、草丈が高いため、ヤクとウシの放牧により適している。

この植生帯では、地形と植生の組み合わせが複雑であるため、遊牧のパターンも多種多様である。

たとえばハンガイ山地では、夏は山岳森林の限界より海抜高が高い場所の草地を利用している。そこでは、夏の7月でも平均気温が20℃を上回ることなく、ヤクのような気温が高い環境を苦手とする家畜の放牧に

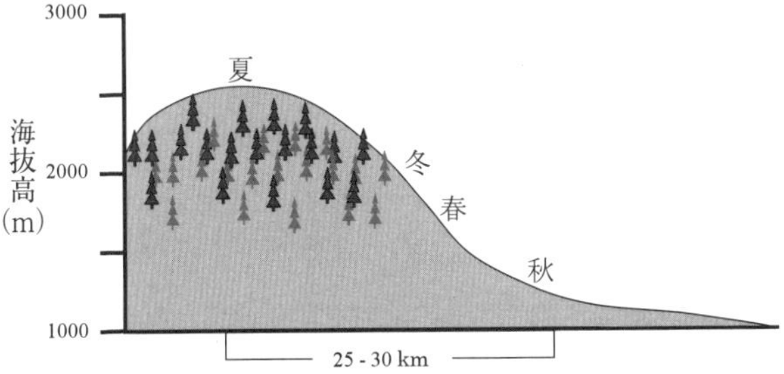

図 9　ハンガイ山地での遊牧パターン。横軸は年間移動距離、春夏秋冬が各季節の宿営地を示す。バザルグル（2005）をもとに作成した。

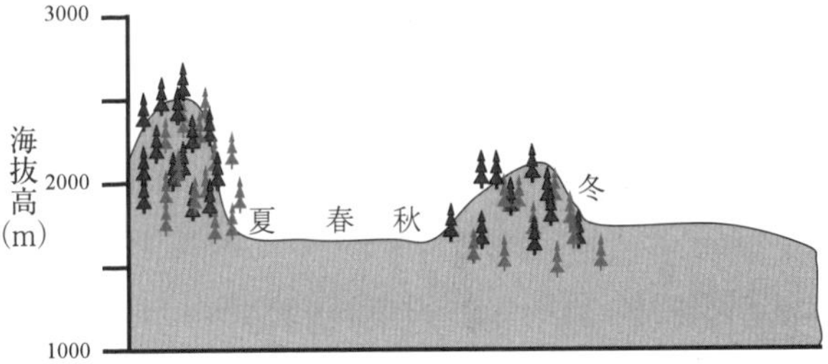

図 10　フブスグルでの遊牧パターン。横軸は年間移動距離、春夏秋冬が各季節の宿営地を示す。バザルグル（2005）をもとに作成した。

適している。冬と春を過ごす宿営地は海抜高が1700～2000 m の場所に設置され、寒い季節の気温逆転現象によって、山のふもとにくらべて10℃以上も暖かくなるというメリットがある。そして秋は、地表水が豊富なふもとで過ごす。遊牧範囲の最長直線距離が25～30 km である（図 9）。

また、フブスグルのダルハド窪地では、一年にわたって大気の湿度が高い。冬は湿気による低温を避けて窪地の外で過ごすが、温暖な季節に

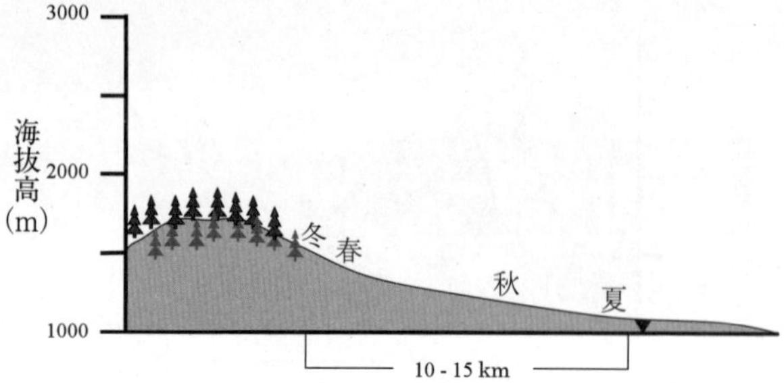

図 11　ヘンティ・大興安嶺での遊牧パターン。横軸は年間移動距離、春夏秋冬が各季節の宿営地を示す。▼は河川を表す。バザルグル（2005）をもとに作成した。

はつねに窪地の中で近い距離の遊牧を行っている（図10）。

さらに、ヘンティ・大興安嶺の遊牧では、1300～1400 m に位置する森林の裾と、その下の谷筋に流れる河川までの間で季節移動を行っている。南斜面に広がる森林の裾では、1月の平均気温が－15℃前後となり、山のふもとよりも暖かいため、そこで冬と春を過ごし、夏と秋は谷筋の河川沿いで過ごすのがこのパターンの特徴である。年間移動範囲の最長直線距離が10～15 km である（図11）。

④草原植生帯

この植生帯では、年降水量が125～250 mm、山岳森林草原にくらべてより乾燥しているため、草本群落の生産性も少なからず低下している。イネ科のハネガヤ属、チョウセンガリヤス属、エゾムギ属、コムギダマシ属、イチゴツナギ属、カヤツリグサ科スゲ属、キク科、ユリ科ネギ属、マメ科ムレスズメ属などが主に分布している。

モンゴル草原の特徴は、ユーラシア草原のほかの部分にくらべて、砂

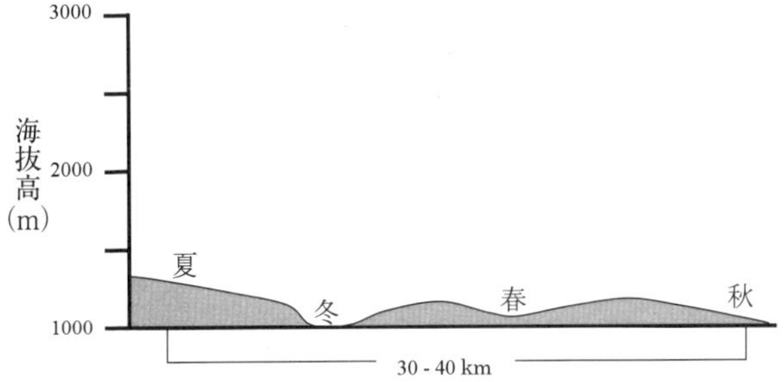

図 12　東部平原の遊牧パターン。横軸は年間移動距離、春夏秋冬が各季節の宿営地を示す。バザルグル(2005)をもとに作成した。

性、あるいは砂利性の表土にマメ科の灌木の群集とキク科の灌木の群集が広く分布していることだと言われている。マメ科ムレスズメ属の群落は中央モンゴルと東モンゴルに分布している。ムラサキ科の群集が東モンゴル平原に、ハネガヤ属-コムギダマシ属-イチゴツナギ属-チョウセンガリヤス属の群集は東モンゴルと中央モンゴル平原の北部に、ナガホハネガヤの群集、ハネガヤ属-ネギ属の群集は草原植生帯の南部分に分布している。また、山の急斜面に転がる岩石の隙間や陰、山の裾と谷沿いに灌木が点在する景観が多い。草原植生帯の主な出現種の74.3%が家畜の嗜好性が高く、畜産業に重要な役割を果たしている。ウマとヒツジの放牧には最も適した植生帯である。

この植生帯に属する東部平原の遊牧パターンは、主に小高い丘陵と平坦な草原の間を季節移動するというものである(図12)。冬と春は北西卓越風をよける丘陵の南麓、あるいは低地で過ごし、夏は北上するが、秋には北から南に向かって枯れていく草原の植物を追いかけ、できるだけ南の方に移動している。秋は栄養豊富な植物の種子を目当てに、遊牧民が家畜の体力作りに努める季節である。

⑤砂漠草原植生帯

この植生帯は、さきにみたモンゴルの草原植生帯と中央アジアの砂漠帯の中間に位置し、年降水量は100〜130 mm である。この植生帯では、乾燥に適した灌木と小型イネ科が優占している。丘陵の斜面とふもと、丘陵間に広がる平原の褐色土にハネガヤが優占する群落が広く分布している。ほかにキク科ヨモギギク属、ユリ科ネギ属、アカザ科オカヒジキ属、アナバシス属、マメ科ムレスズメ属、ハマビシ科の群落がよくみられる。降水量の多い夏に一年草が大量に発生することがある。塩分が噴き出している場所ではギョリュウ科、アカザ科の種が点在し、その周辺にハマビシ科の種が群生する。砂質の土壌が広がる窪地と砂丘ではキク科ヨモギ属、アカザ科、タデ科、アヤメ科、水無河川沿いにチョウセンガリヤス属、ハネガヤ属、岩の隙間と側面にはイネ科ヒゲナガコメススキ、フウロソウ科、キク科ユリネア属、フタナミソウ属、クマツヅラ科カリガネソウ属、マオウ科マオウ属などが分布する。砂漠草原の地形は太古の湖底、平坦な高地、小高い山とそれらをつなぐなだらかな峠によって構成されている。砂漠草原植生帯では、家畜の嗜好性が高い種の出現率が82.7%にも達し、中でもウマ、ヒツジ、ヤギとラクダが好む牧草が多く含まれている。

砂漠植生帯の特徴として、遊牧の際に利用する水資源は湧水と井戸を中心にまかなうことがあげられる。寒い季節には風を避けるため小高い山の南斜面、あるいは窪地に宿営地を設置し、暖かい季節には丘陵の上の涼しい場所を宿営地として選択する（バザルグル 2005)。年に8〜12回、総距離140 km の移動をしている（ツェレンダシ 2001)。

⑥砂漠植生帯

この植生帯は砂性と砂利性砂漠の２種に分けられる。砂性砂漠は文字通り砂から成るが、砂利性砂漠とは、山岳地域で夏のきびしい暑さと冬の寒さの影響を受けて割れて崩れた岩石が、時々発生する洪水によって山麓や低い平坦な場所に運ばれ、やがて、広大な平原が砂利に覆われてできた景観である。年降水量は100 mm以下と著しく乾燥した環境の中、数少ない種類の低木が優占した被覆度のきわめて低い植生が広がっている。このような砂利性砂漠には、アルタイ山脈の南側や新疆ジュンガル盆地の砂漠が含まれる。砂利性砂漠はアカザ科種の群集が優占する場合が多いが、ほかにもマオウ科、タデ科、ハマビシソウ科、ギョリュウ科、キク科などの灌木、小型灌木が優占する群集も多くみられる。波打つような起伏に富んだ地形のなか、高地のはざ間に広がる広大な窪地にアカザ科アナバシス属の群集が出現するという特徴もある。内モンゴル西部のアルシャー砂利性砂漠では、オカヒジキとアナバシスの群集がみられ、群落構成種には、主にマメ科のムレスズメ、オヤマノエンドウ、ヒルガオ科などの独特な灌木が含まれている。

アルタイ山脈南側と新疆ジュンガル盆地の砂漠にはオアシスが点在し、そこにはヤマナラシ、タマリクス、グミ、カヤツリグサ、アシ、ハネガヤ、エゾムギ、ハマビシ、マメ科の種などが茂る。地下水位が高いため、塩類の集積が目立つ。

森林草原と草原にくらべて、この植生帯では乾燥に適した灌木の割合が高く、草本種が果たす役割が低下するため、遊牧に適さない場所の割合も多い。この植生帯では、植物の水分含量が低く、成分がより濃縮されているため、夏の季節には家畜の嗜好性が低いが、秋になると植物体内の防御物質が減り、嗜好性が高まることがある（バザルグルほか

1989)。

砂漠植生帯でも、遊牧が完全に湧水と井戸に依存する特徴がある（バザルグル 2005)。移動の特徴は砂漠草原と似ているが、ほかの植生帯にくらべて移動する頻度が高く、距離が最も長い。

自然・社会環境変化と伝統的遊牧

モンゴルの遊牧民は、各植生帯に分布する異なる植生資源を、異なる遊牧のパターンによって利用している。しかし実際には、6つの植生帯はさらに数多くの異なるタイプの群落で形成されている。遊牧に適した牧草地だけでも201種類の植生タイプが確認されている（ツェレンダシ 2001)。これらの植生タイプの種組成と生産量は、気候条件の影響を受けてつねに変動している。このような多様性に富んだ牧草地の利用においては、上述の6種類のパターンだけでは収まらない。実際の遊牧では、気候条件と植生の変動に合わせて移動の形態をつねに調節している。その理由は、同じ植生帯で同じ数の家畜を養うのに、必要とする牧草の量は同じであるが、乾燥した年には植物の生産性が低下するため、もっと広い面積の草原が必要とされるからである。そこで、移動の頻度と距離を増やさなければならない。モンゴルでは、草を求めて短時間に高頻度、場合によって長距離の移動放牧を行うことを「オトル」という。オトルは、どの植生帯でも、いかなる季節でも、必要に応じて行われている。著者が草原と砂漠草原の境界で行った調査の結果、乾燥した年には遊牧の年間移動距離が1000 km に達するケースもあった。逆に、降水量が豊富な年には、草原の生産性が高まって牧草の量がいつもより増えるので、放牧するための移動頻度と距離が少なくなった。遊牧による家畜の採食圧（家畜の採食と踏みつけによる影響）はつねに生産性の高い場所に集中している傾向がある。このような植生資源の利用の様式が、モンゴル高原の自然植生の維持につながったと考えられる。

しかし近年、市場経済の浸透によって、遊牧民が市場にアクセスしやすい都市周辺、幹線道路沿いに集中する傾向が目立つようになった。伝統的な遊牧に、市場がこれまでになかった影響力を与えるようになった。その結果、植生資源の利用様式にも変化が生じている。人口と家畜が集中することで、自然植生が過剰に利用され、草原の退化が懸念されるようになった。また、私有化が家畜数の増加に拍車をかけるようになった。モンゴル国の畜産研究所の計算によれば、自然植生の生産性が平均に近い年では、国全体の家畜収容力（Carrying Capacity）は、（すべての種をヒツジに置き換えてみた場合）およそ8000万頭となるが、凶作と豊作の年にそれぞれ5700万と9000万頭、つまり3300万頭の開きがあるとのことである。2006年12月現在、モンゴル国では5713.2万頭（種別実頭数では約3400万頭）の家畜が数えられているが、家畜収容力としては最低レベルに近い値であった。

また、地球温暖化の影響に関する最近の研究では、モンゴル国では将来的に降水量の減少と気温上昇による蒸発散が増える傾向にあるとの結果が報告されている（佐藤ほか 2007）。植物の生産性が水分条件と強く関連する乾燥地のモンゴルでは、温暖化による植物生産性の低下が予測される。さらに、進むグローバリゼーションのなか、市場経済の影響も拡大していくであろう。このような気候と社会経済による遊牧の変容が、モンゴル高原の自然環境に及ぼす影響が注目される。

（ナチンションホル　G. U.）

4　遊牧の起源と伝播

ヒツジとヤギの家畜化

モンゴルにおいて「五畜」と呼ばれる重要な家畜は、ヒツジ、ヤギ、ウシ、ウマ、ラクダである。これらの家畜は人間が直接利用することができない草本類を消化し、肉やミルクなどの食料や労働力などの利用可能な資源に換えて提供してくれる。このうち、ウシ科の偶蹄類であるヒツジ、ヤギ、ウシは食用および皮革・毛・乳などを利用することを主目的に飼育され、生業の根幹をなす家畜である。ウマとラクダは、乳などを利用することもあるが、主に騎乗用、物資運搬の労働力として使われ、ウシ科の三種の家畜とは違った役割を担っている。ウマとフタコブラクダはユーラシア草原地帯で家畜化されたが、その時期はウシ科の偶蹄類よりかなり後である。ウシ科の家畜のうち、ヒツジとヤギはステップ地帯の植生によく適応し、特にヤギはかなり乾燥した気候にも耐える。これらの家畜を伴うことにより初めて、人類は西アジアや中央アジアの広大な乾燥地帯、半乾燥地帯に進出し、その資源を家畜の体を経由させることにより有効に利用できるようになったのである。ヒツジとヤギの家畜化、さらにその乳の利用は、人類の生息域を飛躍的に広げたという大きな意味を持つ。

ヒツジとヤギの群れを追う遊牧民の姿は、私たちにとってユーラシアの草原地帯の典型的な風景としてなじみ深いものであるが、これらの家畜はいつ、どこで家畜化され、ユーラシア草原の生業の中で重要な地位をしめるようになったのであろうか。本稿はユーラシア草原地帯の牧畜において特に重要な家畜であるヒツジとヤギの家畜化と中央アジア・東アジアへの伝播、遊牧という飼育形態の成立過程について述べる。

家畜化とは

家畜とはその生殖が人の管理下にあり、野生群から遺伝的に隔離された動物である。動物の側からみると、家畜化は動物が人および人為的な環境へ適応する過程であり、野生の個体群における自然淘汰に代わり、家畜群においては人為的な淘汰にさらされる。飼育下では野生の祖先種に見られない形態的あるいは行動的な特徴が表れ、その中から人間に有用な形質、性質を繰り返し選択した結果、私たちが現在目にする家畜が成立したのである。

野生動物の利用と家畜飼育の中間に、さまざまな人と動物の関係が存在する。野生動物のほとんどの種は、飼育することができ、動物園で見られるように飼育下での繁殖も時に可能である。しかし、ペットを含む家畜として成立した哺乳動物種は20種あまりにすぎないであろう。家畜化に成功するためには飼育対象となる動物の性質も重要な要素である。たとえばヒツジと同じく中型のウシ科動物であるガゼルは、先史時代から狩猟対象として盛んに利用され、ペットとして飼育されたことが、エジプト古王国時代の絵画からも知られている。しかし、ガゼルはテリトリー性が強い習性のため、群での飼育・繁殖管理に向かず、ヒツジのように家畜化されることはついになかったのである。

牧畜の起源に関する動物考古学的な研究

ヒツジとヤギは西アジアで家畜化され、各地に伝播したと考えられている。家畜飼育の起源を探るための方法のひとつに、遺跡から出土する動物の骨の形態・体の大きさ・年齢の構成などを解析し、野生群の狩猟とは異なる利用のされ方をしていたかどうか、形態的に野生種と異なる個体が出現したかどうかを探る動物考古学的な研究がある。家畜の飼育が始まっていたかどうかを調べる手がかりとなるのは、出土する動物種の相対的な量の変化（たとえばヒツジがある時期に急増するなど）、動物種の自然分布域外の遺跡からの出土、体のサイズや形態の変化、年齢構成や雌雄の性比の変化、幼獣が埋葬されるなどの文化的な傍証などの指標である。

形態的な変化については、角の小型化や消滅（家畜メスヒツジ）、角の断面形状の変化、臼歯の小型化（イヌ・イノシシなど）のほか、家畜化の初期に体のサイズが野生個体にくらべて小型化したことが知られている。小型化の原因は、人の管理下におかれることで生育環境が変化し、飼育技術が未熟な家畜化初期段階では野生状態における環境にくらべて栄養状態が悪化すること、遺伝的な交流が限定されたことなどであると考えられている。これらの形態的変化は20-30世代（ヒツジやヤギでは40-100年に相当）程度の比較的短い期間で生じる。

また、歯の萌出・摩耗状態や、四肢骨の骨端の成長が終わり癒合しているかどうかにもとづき死亡年齢を推定したり、角や骨盤の形態やサイズから性別を調べ、野生群を狩猟した場合の年齢構成や性比と異なっているかどうか検討したりする。死亡年齢は、遺跡に残された骨が野生群を狩猟したものであれば、一般に成獣の割合が高く、若年個体と老齢個体は少なくなる。家畜群の骨であれば、死亡年齢の構成にその家畜の用途が反映される場合がある。たとえば、肉を得ることを主な目的として飼育する場合は、ほぼ成獣の体格に達し体重の増加が鈍る年齢に達すると、「無駄メシ」を食べさせず、繁殖用個体以外を殺す場合が多い。乳利用を主目的とする場合は成獣、老齢のメスが見られる一方、オスは若年で殺されるなど、性別による利用戦略の違いが見られるだろう。

このような手法に加え、最近はミトコンドリアDNAの分析による家畜の系統関係の研究、骨に含まれる炭素と窒素の同位体比からその個体の生前の食性を調べ、動物に人為的にえさを与えていたかどうかを調べる研究も試みられている。

家畜化の第一歩である野生個体の馴化・飼育は、野生祖先種の生息域内で始まったと考えるのが妥当である。西アジアの、いわゆる「肥沃な三日月地帯」の北縁部、イラン北西部からトルコ南東部にかけてのザグロス・タウルス山麓地帯には、家畜ヒツジと家畜ヤギの野性祖先種とされるアジアムフロンとベゾアールがともに生息している。本書では詳しく述べないが、ウシの祖先種のオーロックスもかつてザグロス・タウルス山麓地帯を含むヨーロッパからユーラシアにかけての広い地域に分布していたし、ブタの祖先種であるイノシシはユーラシアのほぼ全域に生息している。これらの家畜となった偶蹄類の祖先だけでなく、野生のムギ・豆類もこの地域に自生していたことから、ザグロス・タウルス山麓地域は1950年代から家畜化・栽培化の起源地として最有力視され、動植物のドメスティケーション過程を探ることを目的とした考古学調査が数多く行われてきた。この半世紀あまりの動物考古学の研究成果により、アジアムフロン、ベゾアールがそれぞれ家畜化されたものが、私たちが目にするヒツジとヤギであることは定説となっている。

しかし、西アジア以外の地域でアジアムフロンとは別種の野生ヒツジが独自に家畜化された、あるいは家畜ヒツジとの交雑によって一部のヒツジ品種の成立に寄与した可能性は完全には否定されていなかった。チベットやモンゴルで飼育されているヒツジの中には中央アジアに分布する野性ヒツジであるアルガリやウリアルを祖先とする品種が存在するとも言われていた。しかし、最近のDNA分析による研究で、現在世界で飼育されている家畜ヒツジの祖先は、西アジア原産のアジアムフロンだけであることが確認された。一部の品種がアルガリやウリアルなどの野生ヒツジを祖先とするという説も否定されたのである。また、後述するように、中国の遺跡から出土したヒツジ骨のミトコンドリアDNAの分析により、中国西部に伝播した初期の家畜ヒツジもアルガリやウリアルと系統的つながりがないことがわかった。

家畜ヤギに関しては、まだヒツジほど詳細なDNA分析による系統研究はなく、遺跡出土骨の古DNA分析も進んでいないが、その祖先種はやはり西アジア原産のベゾアールとされている。家畜化の場所は、イランのザグロス山麓の高原地域が有力視されているが、ベゾアールの分布の東端にあたるパキスタンのバルチスタン地方でも家畜化された可能性がある。

つまり、現在ユーラシア草原の遊牧民が飼育しているヒツジとヤギは、この地域に生息していた野生のヒツジやヤギが家畜化されたものではなく、西アジアや南アジアで家畜化され、導入されたことになる。

西アジアにおけるヒツジとヤギの家畜化

偶蹄類のうち最も早い時期に家畜化の証拠が得られているのはヤギであり、約9500年前にザグロス北部で家畜化された。家畜ヤギと推定される骨が出土した遺跡のひとつが、イランのザグロス山麓の高原地帯にあるガンジ・ダレ遺跡である。動物考古学の研究においては、遺跡から出土した骨に形態的な変化が見られるかどうかが家畜化の指標として重要視される。しかし、人間に飼育され、生活環境、食物、生殖行動が変化してから、骨に形態的な変化があらわれるまでには時間差があるとする研究者は、家畜化の初期の兆候は動物の死亡年齢の変化にこそあらわれると考えている。ガンジ・ダレ遺跡では、出土したヤギの骨のサイズと年齢構成を分析した結果、大型の骨（オス）には若年齢で殺されたものが多く、小型の骨（メス）の多くは成獣のものであることがわかった。この遺跡のヤギのサイズは、雌雄ともこの地域に生息する野生個体と変わらない。しかし、野生群を狩猟対象としている場合、普通は性別にかかわらず成獣が主な狩猟対象となる。体のサイズ等の形態的な変化は見られないのに、性別により利用の時期が異なっていたことは、この遺跡のヤギが、家畜化のごく初期の段階にあったことを示すと考えられた。

ヒツジに関しては、野生ヒツジの分布域外である北シリアのユーフラテス川沿いにあるテル・ハルラ遺跡で、ガンジ・ダレ遺跡とほぼ同じ時期の層からヒツジが出土しており、そのサイズが野生のものより小型であることから、ヤギとほぼ同じころにイランからトルコ南東部にかけての地域で家畜化されたと推定されている。

定住集落の重要性

人類は旧石器時代以来ずっと野生のヒツジやヤギを狩猟してきたが、なぜ9500年前ごろになってヒツジやヤギを飼育することにしたのか。この選択には、環境、社会的状況、偶然など、意識的・無意識的なさまざまな要因が複雑に関係していたはずである。狩猟は動物の死体から得られる産物（肉、皮革、内臓、腱、角など）を利用するのに対し、家畜飼育は生きた動物を維持・管理し、毛や乳などの生産物は動物を殺すことなく繰り返し利用する。群れを維持するためには、将来を考慮した計画的な消費が必要であり、家畜化が人間の思考・行動の大きな転換を伴ったことは疑いない。

偶蹄類の家畜化の重要なきっかけとなったのは、最終氷期以降の温暖化に伴う環境の変化の中での定住化である。ヒツジとヤギが家畜化されたタウルス・ザグロス山麓地域では、温暖化に伴い森林が拡大する約1万2000年前に多くの定住集落が出現した。ピスタチオ、カシ、アーモンドなどのナッツ類や野生の麦類、豆類が自生し、イノシシ、野生のウシ、ヤギ、ヒツジ、ガゼル、アカシカなどが生息する資源豊かな環境の中にあって、初期の定住集落では依然として狩猟と採集を生業基盤としていた。自然の食料資源が豊富で、手間ひまをかけて作物を栽培したり動物を飼育したりする必要はなかったのである。しかし、定住集落が継続的に営まれるうち、限定された地域の環境に対する人間の影響が増大し、集落周辺では二次林化がすすむ。ここでは詳しく述べないが、栽培型の豆類・麦類は人間がこれらの有用な植物を集中的に利用する中で出現したと考えられている。1万1000年前ごろの先土器新石器時代A期（PPNA）に、これらの定住集落では、豆類・麦類の栽培をしつつ、動物性食料は狩猟により獲得していた。野生植物資源が豊富なので、ムギ・マメの栽培は多様な食料資源の選択肢がひとつ増えたという程度で、栽培植物への依存度は低かったと思われる。偶蹄類の家畜化が進行する前提となる環境的・社会的状況は、このような先土器新石器時代の定住集落で生まれたのである。そこでの典型的な動物利用戦略は、1種の中型偶蹄類を集中的に狩猟しつつ、ウサギやキツネなどの小動物を含む多様な野生動物種をも利用する、というものだった。主要な狩猟対象獣は集落の立地環境により異なっており、山麓部の遺跡では野生ヒツジ、山間部では野生ヤギ、川沿いの湿地に近い遺跡ではイノシシ、やや乾燥したステップ地帯をひかえる遺跡ではガゼルが、出土する動物骨の40〜60%を占める。このように、多種の獲物を利用する一方、集落近辺でもっとも効率よく狩猟できる中型動物１種を集中的にねらう戦略は、先土器新石器時代Ｂ期（PPNB）の前期から中期にかけて（紀元前7500年ごろ）偶蹄類の飼育が始まってからもしばらく続いた。

しかし、やがて集落周辺の植生の二次林化が進み、野生動物が減少したことが、遺跡から出土する動物骨から読み取れる。集落が1000年以上にわたり継続して営まれるうちに、その周辺では必然的に資源の過利用が起こる。アカシカなどの森林に生息する獣を狩るためには、かなり遠くまで出かけなければならなくなったであろう。そして、PPNB後期（紀元前6800-6500年）には野生動物資源の枯渇とともに、急速に家畜ヤギ・ヒツジの重要性が増す。つまり、農耕の開始から家畜飼育開始まで約500-1000年、家畜化から家畜に依存するようになるまでにさらに約1000年が経過したのである。ゴードン・チャイルドは動物の家畜化と植物の栽培化による食料生産（農耕、牧畜）の開始を「新石器革命」と呼んだが、実際にはこの呼称から連想するような一時に達成されたできごとではなかったのである。また農耕や牧畜は一気に西アジア全域に広まったのではなく、その開始あるいは受容の経緯と時期には地域差があった。

遊牧の起源

現代の西アジアの村では、夜明けとともに各家庭の家畜小屋から数頭から十数頭の家畜が外に出され、集められて１〜２人の牧童に付き添われて村の外に放牧に出かけ、夕暮れとともに戻ってくる（図13）。初期のヒツジやヤギの飼育形態も、このような村からの日帰り放牧を主としていたと考えられる。それでは西アジアの乾燥地帯や中央アジアの草原地

図 13 トルコの村で日帰り放牧中のヤギとヒツジの混群。前の方をヤギが歩き、後ろにヒツジが追随している。

帯で見られる遊牧という異なった飼育方法が発達したのはいつごろであろうか。

かつて今西錦司はモンゴルの遊牧民の観察にもとづき、野生有蹄類の群の後を狩猟者がついて移動する「遊牧的な狩猟」から「遊牧的な牧畜」への変化が群生活をする有蹄類の家畜化の起源であるとの仮説を提唱した。梅棹忠雄はこの仮説をさらに発展させ、有蹄類の群と狩猟民の家族が結合することによる「むれのままの家畜化」が遊牧の起源であったと主張した。この家畜化モデルは現在も一部で根強く支持されているが、家畜化の起源地である西アジアにおいては、「遊動的」という生活形態の共通点を根拠として、狩猟民が野生有蹄類を家畜化し遊牧民となったと考えることはむずかしい。

「むれのまま」という点では、西アジアでも確かに群を作る動物を一網打尽にするような追い込み猟が行われていた形跡はある。たとえば、シリア以南の乾燥地域に点在する「デザートカイト」と呼ばれる石積みの囲いは、季節的に大集団で砂漠を移動するガゼルの群を追い込み捕えるための施設だったと考えられている。しかし、ガゼルはテリトリー性が強い習性が災いし、捕えた群れを継続して飼育することは困難だった。一方、家畜化に成功したヤギは山岳地帯を主な生息の場とし、人が登れない険しい岩場をも軽々と移動する。狩猟者である人間に対し強い警戒心をもつ野生ヤギの群に狩る者として接し続けながら、人間とヤギの間に親和性が成立するという、今西らが論じたような状況は想像しにくい。野生ヤギの生息地は人の生活圏から離れた山間部で、たとえ群を一カ所に追い込むことができたとしても、その場所で群を生きたまま維持することがそもそも現実的ではない。

偶蹄類の家畜化のきっかけがどのようなものであったか、遺跡から出土する動物骨だけを手がかりに探ることは困難であるが、野生のヒツジ、ヤギを本来の生息域から取り出し、人の生活圏に取り込む働きかけ（幼獣を捕らえて村に持ち帰るなど）こそが、家畜化が進む過程として重要な「野生群からの遺伝的な隔離」という状態を生じさせたと考えられる。そして野生群からの隔離の場として定住集落が重要であったことは疑いない。谷泰は「中近東の狩猟・農耕民のもとで……群の一部を囲い込むという決定的な一歩なしに、それ以降の一連の人・家畜関係の累積的すりあわせの過程は進行しなかった」と論じ、「人の居留地への繋留」が家畜化の契機として不可欠であったと論じている。狩猟対象の動物の子供を生け捕りにし、一定期間飼育する行為は、古今東西に広く見られ、アイヌが熊送りの儀式のために子グマを飼育する例のように儀礼が目的の場合もあれば、偶然見つけた幼獣を持ち帰り育てて食用にする目的で飼う場合もある。ヤギやヒツジの群れをまるごとではなく、個体を山麓地帯の集落へ持ち帰ることが家畜化の第一歩だったと考えられる。

これに対し、遊牧民が考古学的に検証可能な生活の痕跡を残さないため、考古資料は定住集落に由来するものに偏っているとの反論がある。しかし、遊動的狩猟民の遺跡の考古学的データは徐々に蓄積してきており、彼らが家畜を飼うようになるのは定住集落での家畜飼育開始より1000年以上遅れることが明らかになっている。また、人間が直接利用できる食料資源が乏しい乾燥地帯・半乾燥地帯への家畜を連れた進出は、搾乳と乳を加工して保存食品を作る技術の裏付けがなければ成立しえなかったはずで、遊牧はむしろ高度に発達した牧畜の形態ととらえられる。ただし、遊動的狩猟民が農耕・牧畜民から乳利用技術とともに積極的に家畜を取り入れ、遊牧民となった可能性はあろう。

乾燥地帯への進出

西アジアの牧畜民が乾燥地域へ進出し始めるのはPPNB期末（紀元前6000年ごろ）である。ヨルダン南部のジャフル盆地北西部に広がる礫沙漠の中でみつかったワディ・アブ・トレイハ遺跡は、乾燥地域の利用が当初は季節的だったことを示す。現在はほとんど植物が生えていない砂漠であるが、当時はステップ植生だったと推定される。

この遺跡では、石造りの半地下式の建物が10基以上見つかり、出土遺物中には狩猟具が多く、動物骨の大半はガゼルとウサギなどの小動物が占めている。ガゼルのメスや幼獣が多く含まれていることから、この遺跡は春先から初夏にかけて居住され、少し離れた山麓部にある農耕集落の住民がガゼルを狩るための狩猟基地だったと推定される。遺構の間の通路が石で封鎖されていること、増改築の痕跡、出土遺物や床面の堆積土や灰層の厚さなどからも、数週間から数ヶ月にわたる居住が繰り返されたことがわかる。出土した動物骨の中に、ごく少数ではあるが家畜ヤギ、ヒツジ、ウシが混じっていることから、春先の比較的草が豊富な時期に家畜を集落から離れた場所に移動させて放牧する「移牧」がガゼル猟と同時に行われていた可能性がある。農耕を営む集落の周辺は、農地と競合するため日帰り放牧をする場所が十分でない場合が多く、草が豊富な場所に家畜を一定期間移動させる方法がとられる。移動先の拠点で、家畜を日帰りで放牧する。このような移牧が、乾燥地域への進出の第一歩で、さらにいくつかの拠点を移動しながら放牧を続ける遊牧へと発展したのではないだろうか。

乳製品利用の開始

人類が草原へ進出し、遊牧という牧畜形態が成立するためには、乳製品の利用という技術的な発達が不可欠であった。人が利用できる食料が乏しい草原で、長期間家畜を連れて暮らすためには、そこで調達できる食べ物が必要だからである。もともと、年に１頭か２頭しか子供を生まないウシ科の家畜は、その肉だけを目的に飼育するためには効率が悪い動物である。乳、毛など、動物を殺さずに繰り返し利用できる資源を得る技術が発達して初めて、飼育することが「割に合う」ようになり、家畜が普及する素地が整ったはずである。

野生のヒツジは、長く粗い毛に覆われており、現在私たちが利用するウールとなる下毛は発達していない。人による選択の結果、羊毛がとれるヒツジが出現したのは6000年前ごろといわれる。乳の利用の確実な証拠は、紀元前2000年ごろのエル・ウバイド遺跡で見つかった、ウシの乳しぼりやバター作りの様子を描いたレリーフであるが、谷泰が論じたように、孤児となった家畜の新生児を別のメスの乳で育てる必要性から人による搾乳がはじまったとすると、搾乳は家畜化のごく初期から繁殖管理のための基本的な技術の一つとして発達したはずである。

新石器時代の土器の内壁に残る脂肪酸の中に含まれる炭素の同位体を分析し、その土器に何を入れていたかを探る研究が、乳の利用がいつ始まったかを直接的に知る方法として最近注目されている。この方法によると、土器にブタ肉、反芻動物の肉、乳のどれが入っていたかがわかる。ヨーロッパの新石器時代の遺跡から出土した土器片を分析した結果、紀元前5000年ごろ、家畜ウシが西アジアから導入されたとき、すでに乳の利用も始まっていたことがわかった。西アジアでは、シリア北部の遺跡から出土したヤギとヒツジの死亡年齢を詳しく調べた結果、約8000年前ごろにはすでに乳を利用していたことがわかった。とすると、西アジアで家畜の重要性が急激に増すPPNB末期までに乳利用も普及していたことになる。先に述べたヨルダンの乾燥地帯で移牧が始まったと考えられるのもこのころである。

ユーラシア中央部の草原地帯で、ヒツジとヤギの遊牧が行われるようになったのはいつごろであろうか。残念ながら、この広大な地域はまだ考古学調査の空白地帯で、現在のところヒツジやヤギが西アジアから中央アジアの草原地帯に導入され、東方に伝播した時期や経緯はまったくわかっていない。手がかりの一つは、ユーラシア大陸東端の中国にヒツジが導入されたのが約4000年前ということである。ヒツジは家畜化から約6000年かかってユーラシア大陸の西から東に到達したことになる。ヒツジ飼育は西方からムギの栽培とセットで中国に伝わったと考えられ、4000年前ごろの比較的早い時期にヒツジが出土する遺跡が北西部の河西回廊周辺から黄河中流域にかけての地域に多いことから、中央アジア経由で伝わったと思われる。中国の河南省の二里頭遺跡（紀元前2100–1800年）から出土したヒツジの骨から抽出したミトコンドリアDNAの分析結果によると、この遺跡から出土したヒツジはモンゴルのヒツジ品種やカザフ品種と呼ばれる新疆西部で飼育されているヒツジなどと遺伝的に同じ系統に属している。しかし、前述したように、アルガリやウリアルなど、中央アジアに分布する野生ヒツジとは系統的なつながりがないこともわかった。家畜ヤギに関しては、中国の新石器時代遺跡からの出土報告はほとんどない。

ヒツジが家畜化された西アジアにおいて、初期の飼育形態は定住農耕集落での日帰り放牧であり、6000年後にヒツジが到達した中国の遺跡においても、ヒツジは定住農耕集落で見つかっている。この二つの地域の間の草原という異なった環境の中では、遊牧という飼育形態が採用されたはずだが、その時期や経緯はこれからの考古学的調査で徐々に明らかにされるであろう。

ウマとラクダの家畜化

最後に、ユーラシア草原地帯で家畜化され、現在もこの地域を代表する家畜であるウマとラクダの家畜化について、これまでわかっていることを述べたい。

中央アジアの遊牧民から連想されるイメージは、草原をどこまでもウマを駆り、家畜を追う姿である。モンゴルが一大帝国を築き上げるうえでも､ウマを用いた機動性が大きな力になったことは間違いない。また、フタコブラクダもシルクロードの交易において非常に重要な役割を担った動物である。

家畜化された時期や場所に関してはまだまだ不明な点が多いが、この2種の動物は、すでにヒツジ、ヤギ、ウシなどの食用家畜の飼育に関する知識を持っていた人びとにより、乗用や荷物の運搬に使うという別の目的をもって新たに家畜とされたものである。ウマの場合、ごく初期には食肉を目的として飼育された可能性もあるが、ウマもラクダも子供を一回に1頭しか生まず、成熟に3～4年を要する。ウシ科の家畜よりさらに生産性が低いわけで、食用家畜としては成り立たなかった。ウマとラクダの家畜化の背景には、中央アジアを経由する活発な交易活動における運搬用・乗用としての需要があり、戦争の際に圧倒的に有利となる機動性が求められたのである。

野生馬が分布していなかったメソポタミアの遺跡で、紀元前3000年以降ウマが出土し始める。このことからウマの家畜化は遅くとも5000年前ごろであることはわかっていた。また、中国でも商（殷）後期、3000年前ごろから家畜馬の出土が急増する。野生馬が分布していたユーラシア草原地帯のどこかで家畜化されたはずだが、その場所や時期はいまだに特定できていない。

最古の家畜馬として、一時話題になったのはウクライナのドニエプル川流域にあるデレイフカ遺跡（約5000年前）で出土したウマである。このウマは意図的に埋葬され、その歯にハミ（馬銜）でこすれて摩耗した痕跡があったこと、同時期の遺跡でウマの出土数が多く、遺跡の動物骨の半数ほどをウマが占める場合もあることから、家畜馬の起源をウクライナに求める仮説を支持する材料となった。しかし、その後の年代測定により、このウマは遺跡が残された年代より後の紀元前800-200年に埋葬されたものであることがわかった。この遺跡から出土している他の多数のウマの骨に関しては、その死亡年齢にもとづき、狩猟され食用とされた野生馬であるとの結論が出て、家畜馬の起源についての議論は振り出しに戻ってしまった。

最近の研究では、家畜馬の起源としてカザフスタンのボタイ文化

(5700-5100年前）が有力視されている。ボタイ文化の遺跡からは多数のウマが出土し、その大半は狩猟され食用となった野生馬と考えられているが、一部のウマの脊椎骨には人を乗せたことによる負担によって生じた変形が見られるとの報告がある。また、最近になって遺跡から出土したウマの骨格形態が、青銅器時代の家畜馬に近く、歯にハミで摩耗した痕跡があると発表された。出土した土器の付着物を分析した結果、馬乳を入れていた痕跡があることも報告された。ウマが家畜化された当初から馬乳も利用されていたということになる。このほか、ボタイ文化の遺跡からウマを入れていた囲いのあとが発見されたとの報告もある。柱穴に囲まれた遺構の内側の土は、外の土にくらべてリンの含有量が高く、窒素の含有量が低かった。ウマの糞が堆積した土はこのような化学組成になるという。このような直接・間接の証拠から、現在のところウマはカザフスタンあたりで5500年前ごろに家畜化されたとの見方が有力になっている。

フタコブラクダの家畜化に関しては、ウマよりさらになぞが多い。野生のフタコブラクダは、19世紀末にプルゼワルスキーによりモンゴル南西部で発見され、現在も中国・モンゴル国境地域にわずかながら野生群が生存することが確認されている。このことから、フタコブラクダはモンゴルあるいはその周辺で家畜化されたと漠然と考えられている。フタコブラクダもアラビア半島原産のヒトコブラクダも乾燥した気候に適応し、年間降水量約500 mm 以下の地域で主に飼育されている。2種の家畜ラクダの分布の境界は、年平均気温21℃の線とほぼ一致し、中央アジアを中心に寒冷なステップ気候の地域では寒さに強いフタコブラクダが飼育されている。

フタコブラクダは、ヒトコブラクダより早く紀元前2000年ごろまでに家畜化されていたと考えられる。マルギアナ（ウズベキスタン）、バクトリア（アフガニスタン北部）、トルクメニスタンなどのオアシスで発見された紀元前2000年前後の遺跡からフタコブラクダをかたどった土製品が出土し、イランのシャ・リ・ソクタ遺跡ではラクダに騎乗する人をかたどったものもみつかっている。また、野生フタコブラクダの生息域の外であるインダス渓谷のハラッパ期の遺跡で、このころからフタコブラクダの骨が出土し始める。メソポタミアでも紀元前2000-1500年ごろの円筒印章に人を乗せたフタコブラクダの図像が彫られたものがあり、フタコブラクダを輸入した、あるいは貢ぎ物として受け取ったという文献記述や図像は紀元前1000年前後から増加する。後にモンゴル族を中心とする遊牧民がユーラシアのほぼ全域を侵略する際にも、ウマとラクダは高速の移動手段として、軍需物資の運搬手段として、大きな戦力となったのである。

西からヒツジ、ヤギなどの家畜を受容しユーラシア草原に進出した人びとは、そこでウマとフタコブラクダという、ユーラシア東西の交流史、戦争の歴史のなかで重要な役割を果たした動物を家畜化し、西方にもたらした。ユーラシア草原における遊牧という牧畜形態の起源については、今後の考古学調査の進展を待たねばならないが、現在みられるように家畜とともに長距離の移動を繰り返す遊牧のあり方は、移動手段としてのウマ飼育開始により機動性が増した紀元前2000年ごろに初めて成立した可能性もある。

（本郷一美）

5　草原の移りかわり

人と自然との関係をさぐる

われわれの生活を顧みるとき、現代では見えにくくなっているかもしれないが、つねに「人」と「自然」、あるいは「人為生態系」と「自然生態系」という2つの大きな要素が互いに作用しあっていることを理解しなければならない。昨今深刻化する地球環境問題などは、この関係性の集大成とも言い換えることができるだろう。この問題を解決するためにはさまざまな手法があるだろうが、過去にさかのぼって「人と自然の関係性」を辿ることで、われわれにとっての「環境」がいかなるものかを見定める必要もあろう。それには環境に対する人からの目線だけでなく、自然からの目線も不可欠である。

アウラガ遺跡は、モンゴル国ヘンティ県デリゲルハーン郡に12世紀末から13世紀を中心に営まれた、モンゴル帝国を創出したチンギス・カンの大オルド（宮廷）跡である（図14）。この地の調査を通して、かつての巨大帝国に住む人びとにとっての「環境」すなわち「草原」について本項では考えていきたい。

「草原」を捉えるにはどのような手法がよいだろうか。一つはそこに関わる人の生活文化を細かく明らかにしていくことであろう。これは歴史学的、民俗学的、考古学的手法に依るところが大きく、他項に譲ることとする。一方、自然の目線から「草原」を捉えることはできるであろうか？　これには大地の記憶ともいうべき堆積物の記録を用いることで

図 14　遺跡前面を流下するアウラガ川　河岸まで湿地が迫る。その奥には一段高い湿原が、さらにその奥には遺跡のある段丘台地が広がる。

大きな前進をみることができる。地形学、地質学、古生物学といった自然科学分野の手法が支えとなり得るだろう。しかし問題は、どのような基準をもってして「草原」を評価、解釈したらよいのだろうか。あるいは「草原」を通してわれわれは何をみたらよいのだろうか。

モンゴルの大地は広い。草原の広がりを認識するにしても時空間的な差異まで考慮するとなれば多くの時間と手間がかかることは間違いのないところである。そこで一つの方針として、「草原」を直接的に評価するものではないが、草原の植物生育に大きく影響を及ぼすであろう水量の増減、言い換えれば「乾湿の変動」を捉えることでそれらのことを認識できないであろうか。すなわち、乾湿の変動からその背後にある気候変動について検討し、「草原」に起こったであろう時間的変遷を予察することができるのではないだろうか。幸い調査地であるアウラガ遺跡の前面にはアウラガ川が流下し、おそらく遺跡の活動時期には重要な水源であったであろうと考えられる。そこで、このアウラガ川とその集水域の変遷史について検討してみた。

遺跡周辺の地形から

モンゴルの大地はあまりに広大である。遺跡周辺の情報を拾うというだけでも、数十 km 単位での話になってしまう。現地でのポイント調査は精度の高い有益な情報をもたらしてくれるが、時にそれが全体像の中のどの位置を占めているのかわからなくなる。そこでまず、天空の目ともいえる衛星や飛行機からの地上写真を用いて、遺跡周辺の地形やその位置関係を確かめておく必要がある。

デリゲルハーン郡北西部にはバヤンオラーンという大きな山地があり、そこからいくつもの谷筋が南ないし南東方向に向けて走り、扇状地を形成している。扇面にみられる河川跡は流量の低下から現在は伏流水となっていると判断され、その扇端にトソン湖など大小の湖沼群が存在している。アウラガ遺跡脇を流下するアウラガ川は、このトソン湖とその付近の湧水点を水源としている。アウラガ遺跡の北西側、遺跡の背後にはアラシャン・オハー丘陵と呼ばれる高まりがあり、そこを挟んで西側にはバローン・サイル川が北から南に流れ、遺跡から約５km 下流でアウラガ川に合流し、アウラガ川はその末流においてモンゴル東部を大きく西から東に流れるヘルレン川に合流する（図15）。遺跡の分布域と現在のアウラガ川との間には約５m の比高差があり、そこに少なくとも５段の段丘面が認められる（図16・17）。河岸周辺には谷地坊主《やちぼうず》（湿地に分布する植物の地下茎が冬に凍って盛り上がり、春に根元が水流でえぐ

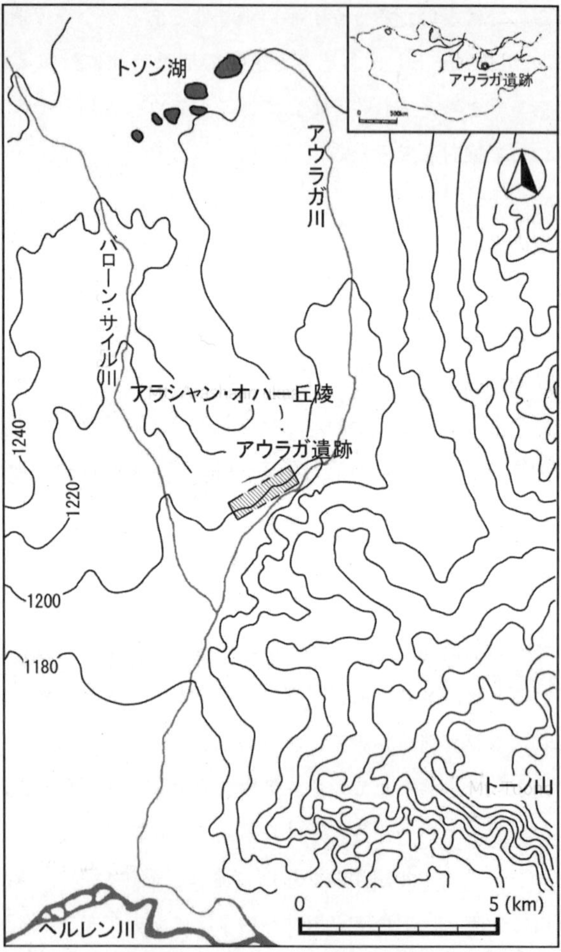

図 15　アウラガ遺跡の周辺地形

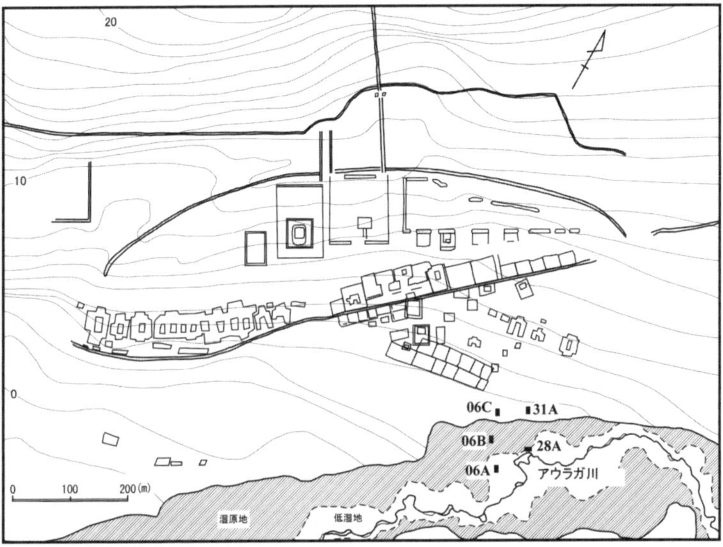

図 16　アウラガ遺跡と調査トレンチの位置

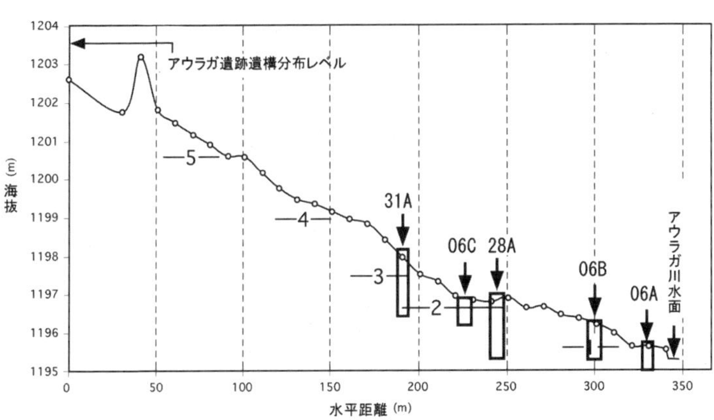

図 17　アウラガ川河岸段丘と調査トレンチの位置・深さ

られると、その繰り返しで数年後に高さ50 cm ほどの固まりとなる。そのようすが僧侶の頭の形に似ていることから、この名がついた）が広がり、段丘の２段目までに及ぶ湿地帯がみられる。一見陸地化しているように見えるが、実際には谷地坊主周辺に河川水が流れ込んでおり、その広がりは段丘面の２段目付近まで至っているため、水域としては河川の何倍もの面積と水量を有していることになる。このような地形が河川沿いにバローン・サイル川との合流部付近まで続いている。一方で、合流部付近と下流側では段丘地形は不明瞭となり、河川は草原地を切るように浸食して流下しており、河岸には１～２ m の露頭が点在している。これらからわかることは、アウラガ遺跡における水源の確保の容易さである。アウラガ川は北西・南東の両山脈の傾斜の底に位置しており、その集水域はかなり広いものであると考えられるからである。

しかし、ここで疑問が出てくる。果たしてアウラガ川の姿は今と同じであったのだろうか。

アウラガ川を調べる

衛星写真による地形解析から、北側に並ぶ扇状地の扇面にはいくつもの河道跡が認められた。現在それらが枯れていることを考えると、山脈からの流量の減少に伴う伏流水化が推定できるが、それは逆にみると流量が多い時期があったことを示している。それを考えると、アウラガ川が今よりも巨大な河川であった可能性は捨てきれない。しかし、扇面の河道は本当に河川として機能していたのであろうか。季節的な流れ水による浸食ではないのだろうか。さらに、もし機能していたとしたら「いつ」のことなのだろうか。

残念ながら傾斜のきつい扇面においては、堆積よりも浸食が上回る。

すなわち大地に過去の出来事が記録されていないことが多い。そこで良好な堆積物を得るために遺跡周辺域を巡り、大きく①遺跡前面に広がる湿地帯、②トソン湖、③バローン・サイル川とアウラガ川の合流地点の３カ所に調査の焦点を絞った。しかし残念ながら堆積物がいつのものであるかを明瞭に把握できたものは、現在のところ遺跡前面に広がる湿地帯の試料のみであった。そこで遺跡の前面に広がる湿地堆積物に焦点を当てて、過去のアウラガ川の姿を読み解くことにした。

湿地は水域の浅化や地形の変化による沼沢地の成立に伴い、陸上植物が水域へ侵入することで形成されることが多い。このような場所はいわば閉された空間であり、周辺からの影響が少なく、連続的な過去の記録を得ることができる。一方、物理的営力などとは異なり植物の水域への侵入速度は一定とは限らないため、場所によって堆積に時間差が大きく出ることもあり、湿原の広がり自体が複雑である場合もある。そこでそれらの問題を解決できるように、調査は湿地の広がる方向を地形的に勘案しつつ、アウラガ遺跡前面の段丘面１と２でトレンチ掘削を行い（図16・17)、試料を採取した。考古学発掘調査を行っている面は段丘の５段目に分布するが、遺跡全体としては３段目付近まで広がっている。06 A トレンチは川岸に分布する谷地坊主の背後に広がる湿原域に位置し、コケ・シダ類とキク科・キク亜科を主体とする植生が繁茂する。06B トレンチは段丘の１段目に位置し、周辺にはキク科・キク亜科やイネ科の植生が主体となって繁茂する。06C トレンチはさらに比高が上がって、河岸段丘の２段目に位置し、キク科・キク亜科やイネ科だけでなく数種の低灌木が繁茂する植生がみられた。28 A トレンチは、アウラガ川が段丘面の２段目を浸食しつつある部分で、およそ1.2 m の露頭面が露出し最下層は河床面下に没している。31 A トレンチは段丘３段目にのる堆積物から掘削し、深度としては段丘２段目下部まで掘りこんだ。

06Ａおよび B トレンチでは下部に礫を含む有機物に富む泥層が堆積し、その上に植物遺体と泥層が繰り返すような湿地性堆積物がのる。06C トレンチでは植物遺体などの有機分の少ない砂と礫からなる河川性の地層が堆積している。このような変化は、過去に、段丘２段目の標高で流下していたアウラガ川が、浸食によって段丘１段目から現在の河床底に向かって下谷し、流域に湿原帯が広がったことを示している。

この湿地帯の形成はいつごろか。06 B トレンチで年代測定（放射性炭素 AMS 法）を行った結果、最下層の泥層は1645±20年前（試料コード PLD-6203、以下同じ）であった。また、28 A トレンチでも、河川性の砂礫層の上に、沼沢地などの滞水環境を示す砂泥互層が認められ、その年代は下部で2225±20年前（PLD-9636）であった。これらのデータから、約2200年前以降にアウラガ川がその河道を変える、あるいは流量を減少させたことにより、「河川性の砂礫層」の上に「沼沢地性の砂泥互層」が堆積し、さらにその上に湿性植物が侵入したと考えている。

しかしながら、この変化は一直線には進まなかったようだ。もう一度28 A トレンチをみてみよう。さきほどの「沼沢地性の砂泥互層」の上には、さらに湿地帯の特徴である「谷地坊主層」とそれを覆う「沼沢地性の砂泥互層（2100±20年前[PLD-9637]）」が認められたが、ところがその上に「（２番目の）河川性の砂礫層」→「（２番目の）谷地坊主層」という層序が認められたのだ。ふたたびあらわれた「河川性の砂礫層」は、滞水→湿地化とはまったく逆で、むしろ水の勢いが強かった状況を示す。

これにはどのような背景があるのか。最初と２番目の「河川性の砂礫層」は現在の河床底よりも高い位置にある。これは過去も現在もほぼ同じ場所でアウラガ川の下谷作用が継続していることを示す。つまり河道は目立って変化していないということだ。２番目の「河川性の砂礫層」の堆積には、水位上昇が関与したとみるべきであろう。アウラガ川は約2200年前ごろから流量が減りいったん湿地化を始めたが、ある時期に増水し、その後ふたたび現在のように湿地化したと考えられるのだ。

その増水期はいつか。「２番目の河川性の砂礫層」の上に形成された「２番目の谷地坊主層」の年代は540±20年前（PLD-9638）と得られている。15世紀には現在のように湿地化していたと想定できる。また、考古学チームがアウラガ遺跡からアウラガ川に沿って下流２kmの地点で、２段目上位から３段目に相当する段丘面に残る耕作地跡を発掘したところ、大規模な洪水跡がみつかった。その年代は1120±40年前（IAAA-61069）であった。このことから増水期のピークはおよそ８世紀末から９世紀前半であった可能性が高い。

珪藻分析から見えてきたこと

この変遷観について、さらに珪藻化石を用いて検討してみたい。珪藻とは単細胞の水生植物のことである。珪酸質の細胞壁に相当する外殻をもつため、堆積物から比較的保存よく出土する。生体は水温やpHなどの水質や水草や底土などの地形構成要素などに種ごとに適応するため、過去の水域環境を検討する上で効果的な手がかりとなる。そこで06Bトレンチにおける珪藻分析のデータから、アウラガ川の変遷についてさらなる検討を行った。

その結果、化石の群集組成に以下のような変化が認められた。化石群集の層位的変化は、おおよそ層相の変化に対応する。

最下層の有機質泥から産出する珪藻化石殻の保存性はきわめて悪く、多くのものが溶解していた。これは堆積後の化学的続成作用があったことを示し、地下水の水質や土壌の化学組成との関係を今後検討する必要がある。かろうじて保存された種については、溶解に対して比較的耐性のある肉厚のピンヌラリア属やナビクラ属などの種であった。

その上位にあたる有機質に富む暗褐色の礫混じり砂質シルト層からは、好流水性種や底生種のナビクラ属、ニッチア属、シネドラ属などが優占する群集が産出した。このうち底生種は砂や礫に付着して生息する種であった。これらの産出は水の流れが存在しただけでなく、水域に大型の水生植物があまり侵入しておらず、底土が砂地や礫質であったことを示す。すなわち、河川流量が比較的多かったことを示唆する。

さらに上位層である暗褐色の砂質シルト層からは付着性種が多産し、大型の水生植物が水域内に繁茂していたことがわかった。これらの種は多くが好流水性種であるが、流れの強い水域には生息せず、水深の浅い小河川や水路のある湿原などに分布する。これはアウラガ川の流量が徐々に少なくなり、河川範囲が縮小していったことを示す。

最上位層の褐色の砂質シルト層からは大きく2つのタイプの群集が出現した。層下部からは水生植物に付着する付着性種や沼沢地や湿地に生息するような止水性種が多産し、層上部からは比較的乾燥に強い、付着性種や陸生種が産出した。これはアウラガ川がさらに縮小し、ほぼ現在と同じような姿になるとともに、大型陸域植物が河川付近に侵入し湿地や沼沢地を形成、水域から徐々に乾燥した陸域を形成した過程を反映していると考えられる。

年代測定の結果は、最下層の有機質泥が1645±20年前（PLD-6203)、その上位の暗褐色の礫混じり砂質シルト層が1165±20年前（PLD-6204)、最上位層の褐色の砂質シルト層が830±20年前（PLD-6205）であった。礫混じりで好流水性種がみつかった中間層を増水期と考えれば、その年代はおよそ8世紀で、前述の土層堆積状況での所見とほぼ一致する。そして遅くとも12世紀には湿地化していたこともわかる。

「草原」との関わり

これまでの結果から、過去においてアウラガ川は現在よりも流量のある河川であった可能性が高い。しかしチンギス・カンがこの地に大オルドを構えていた12世紀末から13世紀には、すでにその流量は減少し、今に近かったと考えられる。

ではこの水量の増減は何によって引き起こされるのであろうか。もしこの水量の変化が比較的単純に環境の変動と対応していたとしよう。その場合、河川流量の減少は温暖化に伴う乾燥か、もしくは寒冷化に伴う乾燥という、まったく異なったシステムを反映したものと考えられる。寒冷化に伴う乾燥とは、極域の氷床や山頂の氷河、氷雪の量が増大し、空気中の水分が減少することによって地球規模での乾燥化が進むようすをいう。モンゴル地域における完新世以降の気候変動について言及している最近の研究では、12世紀から13世紀にかけ、気候は全体としては寒冷・乾燥化に向かうことを示している（アンほか 2008）。今回の調査では、寒冷化なのか、あるいは温暖化なのかに対して、積極的に結論づける結果は得られなかった。しかし、いずれにしても乾燥化の傾向は明瞭に現れており、草原にとってきびしい環境が、チンギス・カンの時代に訪れていたことが明らかになった。

（村田泰輔）

6　水をめぐる諸問題

水はどこからくるのか

最近モンゴル国で策定された「2021年国家開発戦略」には、貯水池や井戸の掘削といった灌漑設備を充実し、集約的な農業を基軸として、2015年までに小麦の生産量を2006年の4倍に、馬鈴薯や野菜の生産量を1.5倍に増産する計画が打ち出されている。この目標を達成するために、2020年までに1万基の井戸を新たに掘ることが計画されているらしい。鉱山資源開発や都市化などと相まって、地下水への負荷は急激に増大する可能性がある。

ここでは、前半においてモンゴル高原の地下水がどのように涵養《かんよう》されているかを説明し、後半においてこれまで筆者が研究を行ってきた中国青海省、甘粛省および内モンゴル自治区にわたる黒河流域の事例として、大規模な灌漑農業開発が地下水に与える影響を考える。

地下水涵養とは、自然・人工的に地中に加えられた水の飽和帯（帯水層）への侵入と定義される。地下水涵養の形態には、雨水や灌漑水の地表からの浸透だけでなく、河川や湖沼などの地表水からの涵養がある。それぞれの場合にわけて、モンゴル高原において観測された事例を中心に説明する。

降雨による地下水涵養

モンゴル高原のほとんどは乾燥地[(1)]であり、降水量の時空間的なばらつきが著しい。年間降水量は、南部ゴビ地域では50 mm 程度、北部森林地域では350 mm 程度である。その60％以上は夏期に降る。地下水は、この期間に、集中的に涵養されていると考えられる。降水量と河川流量を使用した水収支の研究によれば、降水した雨の70～90％が蒸発して地表面から大気に戻っていき、残りが地下水や河川水を涵養すると考えられる（杉田 2003）。

モンゴル北部の森林地域では、降水量は蒸発量を上回り、地下水涵養量は草原やゴビ砂漠の場合よりも多い。地表に達した降水が雨水の場合、表面流出する分を除いた雨水は地中に入り、濡れ前線を有しながら浸透または浸潤と呼ばれる運動形態で下方へ発達していく。浸透した水分は、土壌水帯を経由して河川に流出するか、あるいは地下水帯を経由して流出する。前者は中間流出、後者は基底流出（地下水流出）と呼ばれる。基底流出は、表面・中間流出を含めた直接流出にくらべると、遅い流出形態である。河川流出量の成分分離の研究によると、河川流出量の64％が直接流出および融雪によるもので、残りの36％が基底流出によるものである（ダワーほか 2006）。また、標高が1300 m 以上の北斜面に

(1) 乾燥地は、国連環境計画 UNEP により、年平均降水量（P）とペンマン（1948）の式で求められる可能蒸発（散）量（PET）との比（P/PET）によって以下のように4つに区分されている。①極乾燥地域（P/PET＜0.05）：降雨は不規則で、まったく雨の降らない年もある。植生はほとんど見られない砂漠地帯である。乾燥地全体の16％を占める。②乾燥地域（0.05＜P/PET＜0.20）：年間降水量が200 mm 以下の地域が多く、その年変動率は50～100％である。乾燥地全体の25％を占める。③半乾燥地域（0.20＜P/PET＜0.50）：年間降水量は夏雨地帯では800 mm 以下、冬雨地帯では500 mm 以下の場所が多い。降水量の年変動率は25～50％程度で、草原が発達し、気温の高いところではこれに低木林が伴う。乾燥地全体の38％を占める。④乾燥半湿潤地域（0.50＜P/PET＜0.65）：明瞭な雨季があり、降水量の年変動率は25％以下である。植生が比較的豊かで、気温の高いところでは常緑低木林、低いところではステップとなる。

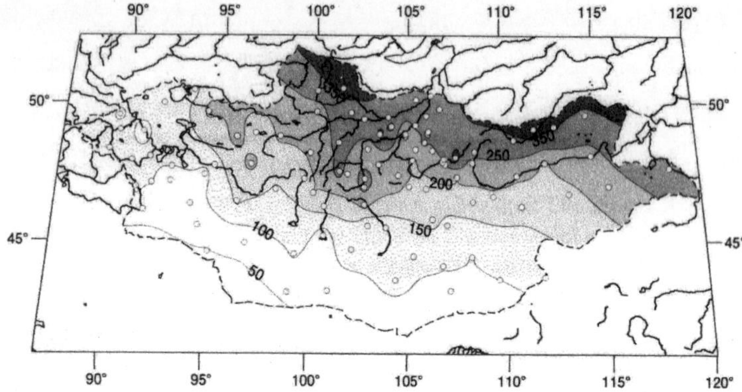

図 18　モンゴル国における年間降水量の空間分布（ダワーほか2006より）

は永久凍土がある（シャルフー 2001）。永久凍土は不透水層としての役割を果たすため、地下水から河川への流出を顕著にさせる。このように、北部の森林地域における地下水を含めた水循環は最も活発である。

モンゴル中部にある草原地域（年降水量は100～150 mm）において行われた夏季の気象・水文観測によると、観測された降水量のほぼすべてが蒸発し、積算浸透量の時間変化は表層20 cm の土壌水分の貯留量変化とほぼ一致したと報告されている（山中ほか 2007）。このことから、降水としてもたらされた水分は20 cm 以深の土壌層にはほとんど浸透せず、蒸発散により速やかに大気へと戻っていくと考えられる。ただし、モンゴル東部のヘルレン川流域における種々の水試料から測定された安定同位体比と水質のデータによると、比較的強い降雨がある場合には地下水涵養の生じる可能性が示唆されている（辻村ほか 2007）。ヘルレン川中・下流域の地下水は、放射性同位元素であるトリチウムの解析から、上流域のそれにくらべてかなり古いことが明らかにされている（樋口

2005、辻村 2007)。

中国内モンゴル自治区のゴビ砂漠において行われた熱・水収支観測によると、年間降水量50 mm 程度の極乾燥地域であるにもかかわらず、比較的強い雨の場合には地下水涵養の生じる可能性が示唆されている(秋山 2007)。たとえば1日に28.9 mm の降雨の後、大部分は表層部分に残存して蒸発によって失われたが、一部の水分は深部まで速やかに浸透した。地中に残存した水分は、降雨の数日後に地表面付近に形成された乾砂層によって蒸発が抑制されたため、失われなかった。蒸発せずに地中に残存した水分量は強い雨の量の約30%であった。これらのことは、強い雨の一部が地下水涵養を引き起こす可能性を示唆する。ただし、地中に残存した水分が地下水を涵養するかどうかについては追跡調査が必要である。

さて、そのような強い雨はどのくらいの頻度で降るのだろうか。じつはこの地域では、強い降雨はほとんどないとのことだ。地下水の涵養にはきわめて長い時間がかかることが想像されよう。モンゴル中部の草原地域や南部のゴビ砂漠では、地形の微妙な起伏に起因して生じる間欠河川や粗大間隙のある地域において、集中的に涵養が生じるという理解が一般的である。

河川水による地下水涵養

河川水と地下水との交流関係は、互いの相対的な水位差に依存する。河川水位が地下水位より低いときには、周辺の不圧地下水が河道に流出するが、河川水位が地下水位よりも高いときには、河川水が地中へ浸透する。

モンゴル東部のヘルレン川流域では、上流域から下流域に至るまで、流域面積が広くなっていくにもかかわらず、流量があまり変わらない。ヘルレン川は、上流域の降水を起源として、途中蒸発によって失われた分を地下水から補塡しながら下流まで流下していると考えられている（辻村ほか 2007）。しかし、河川水と地下水の水質特性が著しく異なることから、河川水と地下水との交流は顕著ではないと考えられている。

一方、黒河流域では活発な交流があることが明らかにされている（秋山ほか 2007）。図19のように、灌漑期には、上・中流域の境界に当たるA地点の流量のほとんどが灌漑農業のために取水されるため、中・下流域の境界に当たるB地点では断流状態となる。ところが、非灌漑期間には、中流域で降水量がほとんどなく、そして支流の合流がなかったにもかかわらず、B地点の河川流量はA地点のそれよりも多かった。A地点の流量よりも多い分は、地下水流出によって供給されたことを意味する。また、B地点よりも下流側では、河川水が放流されると、地下水位は河岸近くから上昇し、地下水涵養が生じる。河川水の放流がなくなってしばらくすると、地下水面は平らになる。河川水が下流域の涵養源であり、断流が長く続くと地下水位の低下を引き起こすことにつながる。

涸れる地下水

黒河流域は、中国青海省、甘粛省、内モンゴル自治区にわたる閉鎖流域である（図19）。黒河は中国第2の内陸河川で、その全長は約821 km、流域面積は約13万 km^{2}である。流域は、基盤岩の露出が見られるAおよびB地点を境にして、標高2500～5547 mの上流域、標高1200～2500 mの中流域、標高850～1200 mの下流域に分けられる。年降水量は、上流域では200～600 mm、中流域では100～200 mm、下流域では100 mm未満である。チベット高原北縁を形成する祁連山脈と呼ばれる山岳域に

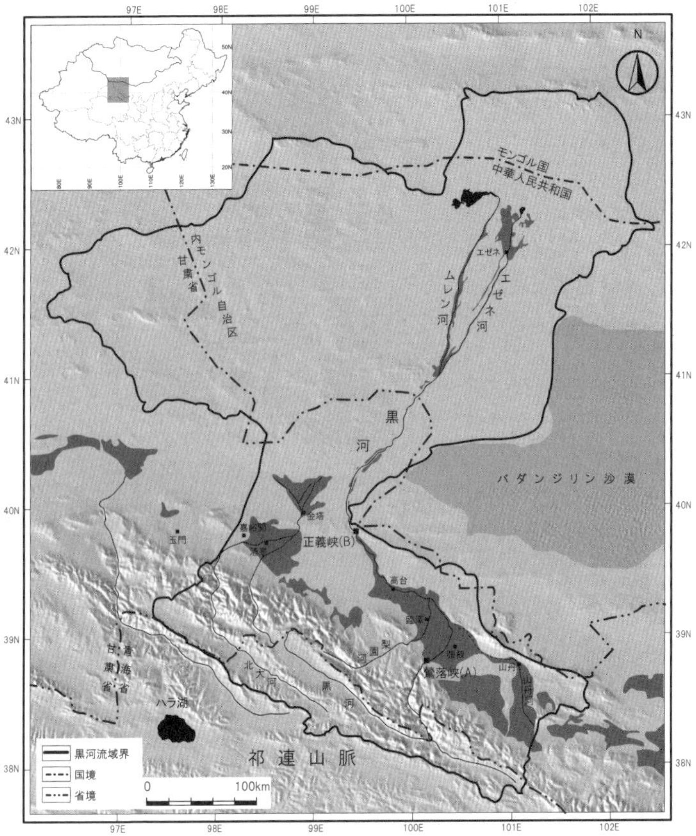

図 19　黒河流域図。A、B は河川流量観測所を示す。

生じる比較的多くの降水や氷河の融解水が、流域の水源となっている。中流域は、岩石砂漠で覆われる山麓扇状地と、その末端に位置する湧水帯に発達するオアシス地域からなる。甘粛省の中心地のひとつである酒泉市があり、大規模な灌漑農業開発が行われている。下流域の大部分は岩石砂漠であるが、その河畔域にはヤナギ科落葉高木の胡楊やギョリュウ科落葉低木の紅柳（タマリクス、タマリスクとも）が分布している。そしてモンゴル国との国境付近には、黒河の終着点となる末端湖がある。下流域に暮らすモンゴル族は、黒河によって涵養される地下水を頼りに、地域に対応した生業を営んできた。

しかし、近年、急激な水不足に悩んでいる。河川が断流するようになり、流域の末端部にあったガションノールと呼ばれる湖は1961年に枯渇し、その東にあったソゴノール湖も1992年に枯渇してしまった（王・程 1999）。そして、地下水位は急激に低下してきた。さらに、この地下水位の低下に伴って、河畔植生は衰退してきた。この水不足の原因は何であろうか。

まず、気候変動の影響を考えてみよう。過去50年間のＡおよびＢ地点（図19）における年河川流量を調べてみると、Ａ地点では、著しい年々変動を示すものの、数十年スケールではほとんど変化しないか、若干増加傾向にある。したがって、比較的安定した水量が上流から供給されていると捉えることができる。一方、Ｂ地点においても年々変動は激しいが、とりわけ1990年代の灌漑をさかんに行った時期に著しく減少してきたことがわかった。どうやら人間活動に原因がありそうである。

黒河流域では1949年の中華人民共和国の成立以降、社会主義体制が導入され、大規模な農業開発が行われてきた。そのために、ダムの建設をはじめとする水資源開発が行われるようになった。1978年から改革開放路線に切り替わり、人民公社が解体され、市場経済の導入がはじまった。市場経済化の進展に伴い、経済発展が優先的に考えられるようになってきた。機械式井戸の積極的な普及活動や商品作物栽培の奨励なども行われるようになり、糧食作物から換金作物への転換も起こった。こうした作物生産体系の転換は、単位面積当たりの蒸発散量を増大させる（山崎 2006）。したがって、灌漑面積の増大と単位面積当たりの蒸発散量の増大の相乗効果によって、中流域における蒸発散量、すなわち水の消費量はさらに増大してきたのである。

黒河流域は、過去50年間に限らず漢代から灌漑農業が行われてきた地域であり、古くから水の分配をめぐる上流・下流問題は深刻であった。清朝時代から、B 地点のやや下流で水不足の問題がしばしば生じていたことが報告されている（井上 2007）。清朝政府は、水不足の対策として、1726年に黒河均水制度と呼ばれる水の分配制度を制定した。これは芒種前の10日間にわたって、B 地点のやや下流まで優先的に水を配分して灌漑させることが基礎となっていた（井上 2007）。しかし、この制度だけではうまくいかなかったようである。

中華人民共和国の設立以降もさまざまな方案が試行錯誤されてきた。水不足の深刻化に伴って、1992年に下流域への放流量を決めた92方案が制定され、つづいて1997年に97方案が制定された。これらの時点では、年間の放流量が決められただけであって、放流のタイミングは決められなかった。中国国務院は、2001年に「黒河流域近期治理規則」を批准し、放流のタイミングについても言及した。地下への漏水が多いために末端まで水が到達しないという調査結果に基づいて、灌漑期間の８月および９月に集中的な放流が行われるようになった。この実行によって2002年７月にソゴノール湖が復活したことは、一斉に報道された。もう一つの末端湖であるガションノール湖にも2003年に水が戻ったらしい。

しかし、ここには目に見えない落とし穴がある。下流域の水不足を解消するために、中流域で河川水の取水制限が行われたことである。その結果、たしかに河川水の取水量は減ったが、その代わりに安定的に利用

図20 2003年に建設されたコンクリート水路。幅は10 m 程度、深さは 2 m 程度（2004年 7 月撮影）。

できる地下水の取水量が増大してきた。この影響で中流域の地下水位は急激に低下してきた（窪田 2007)。中流域では扇状地の末端で湧水として地下水が流出していたが、この流出量が減少してきたのである。

落とし穴は他にもある。さきほどの「黒河流域近期治理規則」によって、灌漑期間の 8 月および 9 月に下流域に対して集中的に放流されるようになったことである。しかしながら、このような短期的な放流は河川から離れた地域における地下水涵養にはほとんど寄与しないことがわかっている（秋山ほか 2007)。一方、湖まで効率的に水を送水するために、コンクリート製の水路（図20）が建設された。この水路は、河川と並行して湖まで敷設されている。水路に水があるとき、河道に水はほとんどない。すなわち漏水の多い河道への放流をやめて、漏水の少ない水路に放流しようというものである。河畔における地下水位の低下や、それに伴う植生の枯死が懸念される。

また、生態環境悪化の直接的な原因は現地の遊牧民であるという考えのもと、「生態移民」と呼ばれる遊牧民に対する移民政策も行われてきた。移民先として地下水位の低下が著しい末端域が設定され、そこでの飼料栽培を前提とした畜舎飼育が奨励されている。飼料は地下水灌漑によって栽培される。新たな水需要を生じさせ、問題となっている地下水位の低下に拍車をかける可能性がある。これらの政策は、相当な苦労の上で立案されたものに違いない。しかし、環境を保全することを目的としているにも関わらず、思いのほか環境を悪化させてしまう可能性がある。

水の未来

乾燥地では日射や気温の条件がよいため、大規模な灌漑農地の開発がすすめられてきた。灌漑農地では概して単位面積当たりの収量が多く、二毛作あるいは三毛作も可能である。灌漑の普及が20世紀の食糧生産増大を推進してきた。しかし、一方で、大規模灌漑農業は多量の河川水や地下水を利用し、水循環を改変してきた。水を効率的に利用するために導入された新たな技術も水循環の改変につながる可能性がある。大規模な農業開発のしわ寄せがとりわけ目に見えない資源である地下水に及んでおり、その持続性という意味で問題を抱えている。地下水の時間軸は人間の生きるスピードにくらべてきわめて遅く、地下水はいったん使ってしまえばなくなってしまう資源であると思っている方がよい。水を効率的に利用するための努力よりも、水消費量を削減するための努力の方が求められる。

人間は、水循環から、水利用・気候緩和・水質浄化・多様な生態系などの物理的な恩恵のほかに、自然との触れ合い・芸術活動の場・やすらぎ・倫理観や創造性の源などの精神的恩恵を受けている（榧根 2006）。健全な水循環のもたらす恩恵が損なわれないようにするには、地下水を含めた水循環とそれがもたらす価値をよりよく理解し、目先の利益にとらわれず、目に見えないものへの思いやりを心掛ける必要がある。

（秋山知宏）

Ⅱ　草原に暮らす

ヘンティ県ビンデル郡にて（2009年８月）

1 モンゴル帝国の興亡と環境

遊牧王朝と自然環境

モンゴル高原からハンガリーのパンノニア平原に至る東西7000 km に広がる中央ユーラシアの草原には、家畜を季節移動させて飼育する遊牧民が、約3000年にわたり生活してきた。遊牧民族はその騎馬軍事力によってしばしば大勢力を築き、その周辺世界に大きな影響を与えた。モンゴル高原では、紀元前3世紀以後、匈奴（フン）、突厥（テュルク、トルコ）、ウイグル、契丹（カラキタイ）、そして13世紀のモンゴルなどの大遊牧勢力が生まれ、南方の中国本土の歴史を大きく揺り動かした。かれらモンゴル高原の遊牧民族の勢力の維持・発展に、環境条件はどのように関わったのであろうか。

ここで環境条件という場合、遊牧生活を支えるステップの自然環境がまず取り上げられ、短期的な寒冷被害（ゾド）やそれにともなう飢饉によって遊牧民族勢力が衰退したことはよく指摘されることである（内田 1975、林 1985など）。そしてまた、長期的な寒冷化によってモンゴル高原はもとより中国本土の住民が南方への移動をしばしば起こしたことも知られている（鈴木 1990など）。

しかしそれは、遊牧民族勢力が外部世界と隔絶して、ただ草原の遊牧生産のみに依存していたということはなく、匈奴時代から南方の中華帝国との経済交流は活発に行われてきた（松田 1964など）。したがって、モンゴル高原の遊牧民族勢力の維持・発展の環境条件としては、自然条件のみならず、南方との交易、物流といった経済条件をも考慮しなければならない。

モンゴル高原の遊牧民族は、歴史上しばしば南方の中国本土への侵入を行った。また10世紀には農耕地帯を取り込んだいわゆる征服王朝へと拡大した。13世紀〜14世紀のモンゴル帝国という巨大国家システムはその最も発展したものである。以下では、モンゴル帝国におけるその国家システムの発展・維持について、自然条件と経済条件の両面から探っていきたい。

モンゴル帝国の発展と環境

モンゴル帝国の創立者であるチンギス・カンが生まれ、その周囲に勢力が形成されたのは、12世紀後半の時期のことである。当時モンゴル高原には、ケレイト、ナイマン、タタル部族などの遊牧民族諸勢力が割拠しており、統一的勢力は存在しなかった。モンゴル帝国の勃興の原因についてJ. フレッチャーは、チンギス・カンの個性が主要な原因としつつ、同時にG. ジェンキンスの提出した12世紀末〜13世紀中期のモンゴル高原の急激な気温低下があったとしたら、それはある程度の要因となったかもしれないとした（フレッチャー 1986)。リーダーの個性が組織の方向性の大きな要因になることは確かであるが、ここでは、自然条件との関連を述べたジェンキンスの考察について検討してみたい。

ジェンキンスは各地の気候データからモンゴル帝国の勃興を急激で継続的な寒冷化に結びつけている。示された気候データは、次の4種である。

①ノルウェーの雪線高度の変化（紀元前5000年頃から現在まで。図21のB)

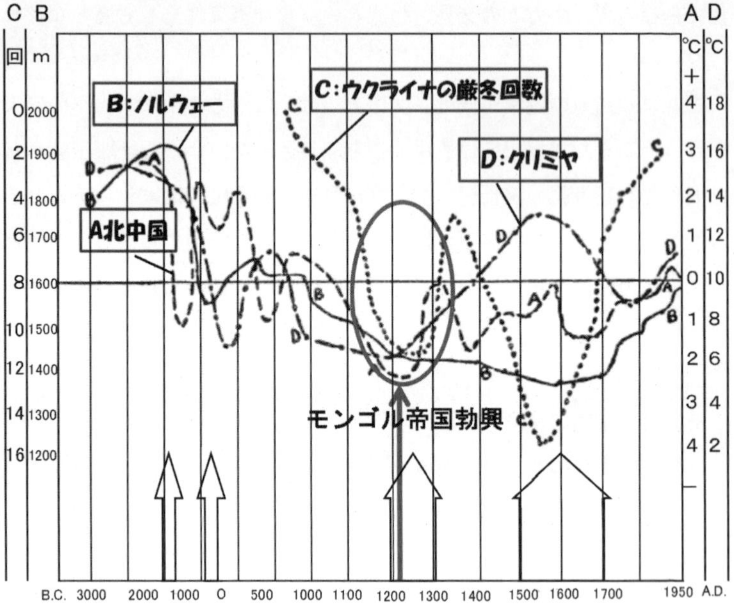

図 21　ジェンキンスによる気候データのグラフ化（ジェンキンス1974：223頁より筆者加筆）

②アイスランド、スイスとアラスカの氷河のデータ（紀元前15000年から現在まで）

③北中国の気候変動についての文献記録（紀元前1100年以後。図21のA）

④南ロシアの年代記や旅行記の南東・南中部ロシアの気候変動の記録（紀元850〜1700年。図21のC、D）

直接にモンゴル高原の気候データはひとつもないが、４種のデータを総合することによりモンゴル高原の気候条件を推測した。ジェンキンスは、４種のデータがかなり一致しているとみており、①、③、④をグラフ化して、図21として気候変動を示している。

北中国の1100〜1200年の寒冷化（図21のA）は、前1500年以後では最もひどく、それはノルウェー雪線の高度（図21のB）の前2000年以後の推移と一致しているとする。またグラフには示していないグリーンランドとアラスカの氷河の拡大、退行とも一致するとしている。

気候学研究者は、900年から13世紀前半までを中世温暖期と呼ぶ（永田2008）が、その一方、中国方面の気候変動については、白石典之は竺可楨（1972）や吉野正敏（1982）の見解に依拠して、中国大陸は8〜10世紀は高温・湿潤期ながら、11世紀以後には気温低下と乾燥化が始まり、また内陸部は7〜10世紀には温暖、11〜12世紀は冷涼であったとしている（白石 2002)。中国方面の気候変動ついての白石らの見解は、ジェンキンスの示していたグラフと一致している。

たしかに、チンギス・カンが勃興する12世紀後半に気温低下、寒冷化傾向があったことを近年の環境問題で提示されている長期変動のグラフ（図22）にも認めることができる。図22のグラフから読み取れるのは、1170年〜1200年の間の急激な気温の低下（①→②）である。太い線は50年間の気温の平均を示しているが、この太い線でも、毎年の気温の変化を示す薄く細い線でも、はっきりと急激な当時期の気温低下、すなわち寒冷化が示されている。

金朝の北方経略

このような展開の上にチンギス・カンの勢力形成は行われた。気候の寒冷化の中で、チンギス・カンの勢力が南方向を目指すことはまったく自然の趨勢でもあったと考えられる。寒冷化で年平均気温が1℃低下すると植物の生育期間が年間で3〜4週間少なくなり、作物の生育可能な

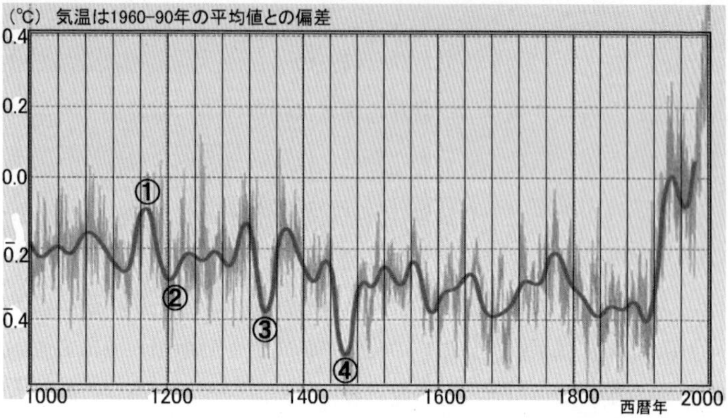

図 22　地球の平均気温の変化（地球全体/過去1000年）

気候変動に関する政府間パネル（IPCC；Intergovernmental Panel on Climate Change）『第三次評価報告書—第１作業部会報告書　気候変化2001　科学的根拠』付図 SPM-1：過去140年と過去1000年の地球の地上気温の変動のうち過去1000年の変化。「温度計、年輪、珊瑚、氷床コアからの復元」したもので、「1961〜1990年の平均からの気温の偏差」を示す。図は、原著からの引用ではなく、全国地球温暖化防止活動推進センターウェブサイト（http://www.jccca.org/）（http://www.jccca.org/content/view/1029/770/）より転載した。太い線は、50年平均の気温変化を示してる。黒縦罫線（40年刻み）は筆者の加筆（加筆許可取得済み）。

標高は500フィート低くなり、丘陵地帯では耕作地の高度方向の長さが１〜３ km 縮少し、耕地面積がかなり減ったという（永田 2008）。図22をみると、①から②の間の気温変動は、最大幅で年間平均0.5℃程度、50年平均の太線のグラフでも0.2℃程度の低下があったことがわかる。

ジェンキンスは、気候の悪化がモンゴルの内部抗争を終わらせ、チンギス・カンのもとでの国民再組織を可能にし、彼らの征服熱が気候的崩壊によって刺激されたことを考えてもよいのではないかと結論している。気候の悪化、つまり寒冷化がモンゴルの内部抗争を終わらせたというジェンキンスの仮説について、実際の歴史状況と対照して検証する必要があろう。

チンギス・カン、幼名テムジンはこの寒冷化が起きた12世紀の後半に誕生し、1189年ごろ台頭してモンゴル高原で抗争をくぐりぬけ、1206年のモンゴル帝国建国により覇権を確立した。テムジンが台頭する直前、モンゴル高原では、ヘンティ山地内の弱小部族であるモンゴル族内の2大勢力であるキャト氏（テムジンが所属）とタイチュート氏の間の対立があり、また隣接するケレイト部族でも、さらに西方のナイマン部族でも王族同士で部族内対立があり、統一権力がどの部族内でも形成されえず、もとより全モンゴル高原を統一する王権は存在しなかった。

1190年代初頭、金朝はモンゴル高原に介入をしていなかったが、1194年から1198年にかけてモンゴル高原東部へ攻勢をかけた。金朝は、1194年北方作戦を準備し、1195年、1万8000人の部隊が東モンゴルのフルン湖方面に進軍して14営（の遊牧民）を降伏させた。ただ、戦勝後の不手際で、味方であった北ツプ部族のセチェの大侵入を受けることとなった。このため金朝は北方作戦の態勢を再構築して翌1196年北ツプ（タタル）平定作戦を実行し、「オルジャ河の戦い」で北ツプに大打撃を与えた。1197年、セチェは金朝に降伏し、国境貿易場開設を要望して11月には開設が許された。ちなみにこの北ツプ平定作成の際に、テムジンは金軍の誘いに応じて西から援軍となり、戦勝後その功績を表彰され、金朝の臣下として認知された。この事件、および金朝による臣下への認知こそがテムジン勃興のターニングポイントとなった（松田 2006）。

金朝は「西北路」と呼ばれたモンゴル高原東部方面での遊牧民族勢力の侵入に備え、1198年には辺境に砦を建設し、同方面のコンギラト、ハタギン、サルジュート、ボスフル部族などの遊牧民族勢力を制圧する作戦を続行した。しかし、それ以後金朝の北方への攻勢は影をひそめてしまう。

1199年以後、ケレイト部族のオン・カンとその他のモンゴル高原の部族闘争は激烈さを増していく。オン・カンは、上記の金朝の北ツプ制圧作戦の際に、やはり金朝側の誘いに応じて参戦し、その功績に対して戦勝後、「オン（漢語の「王」）」という称号を与えられ、「オン・カン」と称した。テムジンは、このオン・カンの配下に入った。オン・カンの勢力（テムジンを含む）は、周辺の諸部族の連合から攻撃を受けて、1202年に金朝の長城内（金朝がモンゴル高原東南部に建設した総延長約2500 kmの塹壕、いわゆる「界壕《かいごう》」という防衛線のラインの中）に入って難を逃れている。

内田吟風は、匈奴時代について、天災などによって飢饉が引き起こされ、その飢饉が部族間の連盟統一を破壊して、内紛を生じさせると述べている（内田 1975）が、まさに内田のいう状況がモンゴル帝国成立期において再現されているものとも見なされる。そうして、テムジンは彼の主君であったケレイト部族のオン・カンともども、その抗争から金朝の庇護をもとめて金朝の長城内に避難したのである。

このような遊牧民族勢力の内紛とその一部の勢力の南下の動きの例は、それ以前の時代にもあった。たとえば紀元前1世紀に、匈奴の呼韓《こかん》邪単于《やぜんう》が、匈奴の内紛から前漢の庇護をもとめて内モンゴル地方に下ってきたことがある。また6世紀末に、テュルクの啓民《けいみん》カガンが、内部争いから隋に降って内モンゴル地帯に住み、隋の保護下でその勢力を温存した例もある。さらには9世紀にウイグルがキルギスの攻撃で首都を破壊されて、遊牧民族勢力としての統合力を失い、カガンの一族の各王子に率いられて、集団ごと天山山麓、河西回廊など各地に大移動した際に、その一部が内モンゴルの現在のフフホト付近を中心とした肥沃な地域に居住することを唐にもとめて避難してきたのも同じ例といえよう。

この時期のテムジンの勢力は弱小で、オン・カンの下に従属しながら、同時に金朝の保護のもとで命脈を保持していたのである。

その後、テムジンとオン・カンとの友好関係は割れた。1203年、テムジンは金朝辺境に陣取りオン・カンと対戦したが、両者痛み分けでテムジンの勢力は弱体化した。夏、バルジュナ湖（所在地不明）にたどりついたが、そこでのテムジン兵はわずか2600人とも4600人とも言われる。偶然そのときにオン・カン側で内乱があり、テムジン側の危機は去り、多くの集団がテムジンに帰順した。秋、テムジンは弱体化したオン・カン軍を撃破し、オン・カンは隣国ナイマン部族領内で殺され、ケレイト部族は消滅した。テムジンはオン・カンの配下を吸収し、金朝を後ろ盾にして東モンゴル最大の勢力にのし上がった。

1204年、ナイマン部族を中心に大連合が結成されたが、テムジンはこれをハンガイ地方で撃破し、ついで北方のメルキト部族を滅ぼし、ナイマンの一部を残してほぼモンゴル高原全体を支配下に入れた。翌1205年には南の西夏王国に遠征、服属させた。1206年、テムジンはオノン川の水源地方に大会議を招集、即位してチンギス・カンの名を得る。

チンギス・カンは、モンゴル高原の諸勢力を結集したとはいえ、諸勢力との対決に次ぐ対決の中で、モンゴル高原全体から見れば部族集団の縮小再生産の後に達成した統一であったと言える。この縮小再生産されたモンゴルの諸勢力を、10-100-1000の人間の組織、十進法的な組織に再構成して、88人の千戸長が率いる95の千戸隊が作られた。その戸長に付属する一族郎党を含め、モンゴル帝国は人口100万程度の集団がチンギス・カンの下に作り上げられたのであった。少数精鋭の集団、それまでのモンゴル諸部族の保有した遊牧地や人民を少数集団内部に再分配した状態での新国家発足ということになる。縮小再生産とはいえ、富の再分配は、個々の遊牧民の富の増加、牧地の増加につながり、チンギス・カンの新国家は、さらに遠方に拡大すべく、基盤整備を達成していたと理解される。

ジェンキンスのいう寒冷化がモンゴル帝国の勃興の要因となったかについては、少なくとも気温の低下が12世紀後半にあり、その中でモンゴル高原内部の部族抗争が活発化した結果、チンギス・カンが覇権を確立させたという状況は確認できた。

元朝時代の国家経営と環境

モンゴル帝国では1259年に第４代カンのモンケが死去したのち、彼の二人の弟、クビライとアリク・ブケとの間で後継者争いが起こった。これをきっかけに帝国全体の一体性は弛緩していくつかの政権に分裂する。クビライは大カン（モンゴル帝国の宗主）の地位を掌握しつつも、領域的には北部中国とモンゴル高原などの東アジア地域を実効支配する政治権力に縮小した。そのようなクビライ政権、いわゆる元朝は、1279年南宋をも征服して中国本土全域を領土とするに至った。モンゴル高原の遊牧民族勢力が、ついに長江以南にまで拡大し、歴史上はじめてモンゴル高原と中国本土全体を一体化した大国家が出現したのである。この大国家システムはどのように維持されていたのか。

13世紀後半から14世紀の時期の気候は、どのような変動を示していたのであろうか。白石は、中国内陸部は13世紀中葉と14世紀の第２四半期に冷涼だったとし（白石 2002)、ジェンキンスのグラフでは、全体的には14世紀初頭に寒冷期を脱して温暖化傾向に入っているが、北中国だけは冷涼であったことが示されている。図22では、14世紀初頭は極端に寒

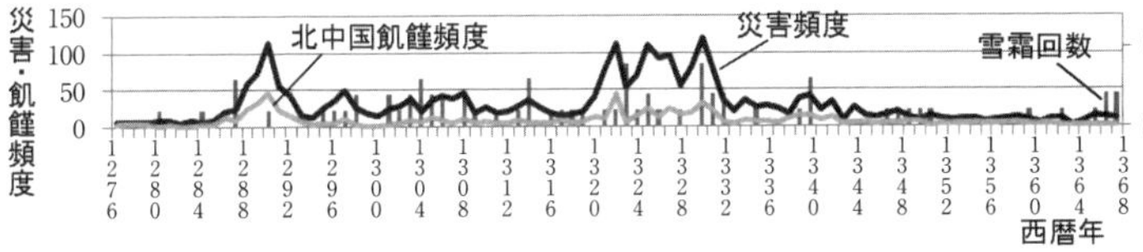

図 23　元代の災害頻度（佐藤編1993より）

い時期ではないが、50年平均の太線では、1320年代から急激な気温の降下があり、1340年過ぎを最低として1360年ごろには回復するという経過が示されている（図22の③）。村上陽一郎は、14世紀に入って、ヨーロッパのみならず、歴史記録の残っている文化圏では共通して干ばつ、冷夏、洪水により農村は極度に疲弊したとし、元朝時代の中国での事例も述べている（村上 1983）。

佐藤武敏編の『中国災害史年表』（1993）にもとづいて同時期の北中国での飢饉発生の変化、中国全土での雪霜や自然災害の発生の記録をグラフ化すると図23のようになる。期間は元朝が南宋首都を占領した1276年を始めとし、明朝によって元朝が首都大都を放棄して北方のモンゴル高原へ移動した1368年を終わりとする時期に限った。

雪霜記録数には雹も含んでいるが、その場合は単純な雹の記録ではなく、降下した雹の堆積が1尺とか、降雹が一日あったなど、規模が大きいと想定できる場合に限定して含めた。また災害頻度は、『中国災害史年表』の各年の記事項目の出現回数である。

北中国の飢饉発生数には、河南以北の北中国の地域（モンゴル高原も含む）における災害のうちで、飢饉発生を伝えている記事数に加え、飢饉への言及はないが災害救援で食糧が支給された、あるいはその年の穀物税を減免した記事数も含めた。なお、災害時に穀物以外を免税した場

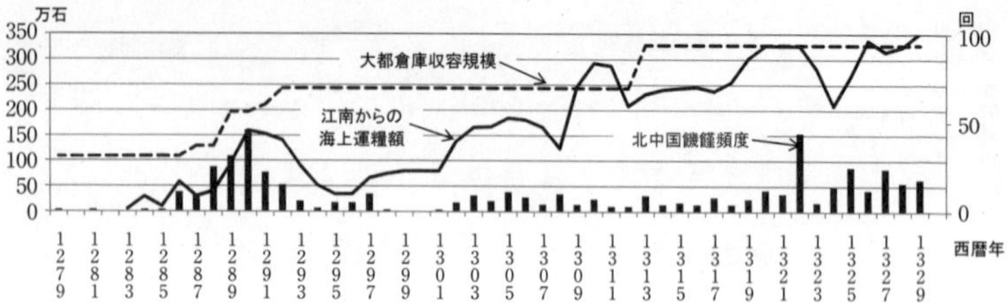

図 24 北中国の飢饉の頻度と江南からの運糧量

合は、必ずしも飢饉の発生とはかぎらないので飢饉の数には算入していない。それらの前提で集計してグラフに示した。

このグラフで注目すべきは、1286年～1292年と1320年～1332年の期間の災害頻度の多さであり、それに対応して北中国での飢饉の件数も多いことである。後者は図22の③の示す寒冷化の時期に合致している。モンゴル高原でも1287年、1310年代、1320年代に雪害があった記録が見られ、北中国の飢饉発生と対応している(2)。

この期間に、元朝政権はどのようにして災害ないしは飢饉を切りぬけたのであろうか。これについて、当時の江南（長江流域以南の穀倉地帯）から北中国へ海運で輸送された穀物の総額（以下「江南からの運糧額」）と飢饉頻度との関係から見てみよう（図24）。

図24の1286年から1297年までの範囲を見ると、江南からの運糧額と北中国での飢饉発生頻度は、概略的には相関があるとみなし得る。それは飢饉を海運糧で救済するように命令が出たからである（佐藤編 1993）。

(2) 『元史』世祖本紀12に、1287年に北辺大風雪、『站赤』6に、1314年春のモンゴル高原の風雪、夏の甘粛辺境外の雪害、1312年以来1315年の旱害、1315年の冬から春への雪害、1320年８月から1321年11月まで続く雪害があり、カラコルムの南では、連年の風雪で飼葉の草が生えないとまで書いている。

実際に、1288年には、国民の食糧不足に充てるべく100万石《せき》に海運糧を増額するよう命令が出ており、1295年は北中国でも豊作で穀物需要がなくなったために30万石へと海運糧を削減することも決定されている（『大元海運記』より）。つまり、北中国の飢饉頻度の増減に対応して江南からの運糧額を増減させるといった元朝政府の政策判断を読み取ることができる。

モンゴル高原への食糧輸送

ところが1286年～1297年の時期より以後は、江南からの運糧額と北中国での飢饉頻度の間には、わずかに北中国の飢饉頻度に影響されたと思しき増減があるが、明確な相関は見出せない。江南からの運糧額は、時として減少はあるものの、以後は全体として徐々に増加の趨勢を示している。それには北中国の飢饉頻度とは「異なる原因と理由」、政策方針の展開があったと考えるべきであろう。

ここで大都倉庫規模の推移（図24の破線）と江南からの運糧額の推移（図24の実線）の関係をみる。1287年から1292年までの大都倉庫規模の拡大は江南からの運糧額の増加に対応していることが見てとれる。また1313年の大都倉庫規模の増加も、その直前の1309年から1311年の江南からの運糧額の増加に対応して行われたものであろう。

ここでこの1309年から1311年における江南からの運糧額が、大都倉庫規模を上回った出来事に注目してみよう。1309年までの大都倉庫規模は江南からの運糧額よりもつねに多く、大都倉庫は江南からの運糧額に対して一定の「余裕」をもっていた。だが1309年から1311年の場合、上回った米は大都で蓄えることができず、大都以外での需要へ回されていたと解さねばならない。

1296年以後に江南からの米輸送が増加した「異なる原因と理由」のすべてを説明するものではないが、その大都以外での需要のひとつとしてモンゴル高原での需要が大きな要素であったことが考えられる。

モンゴル高原、特に北方のカラコルムの方面での食糧供給方法としては３つの手段が見られる（松田 2000）。現地での軍営農場での生産、官営輸送による中国からの配給、現地での商人からの買い上げである。

1276年に王族のシリギが元朝政府に対して反乱を起こしたが、その対処としてモンゴル高原へ投入した軍団の維持のために、元朝政府は1277年より官営輸送による軍糧供給や軍営農場の建設を始めた。現地での買い上げは少し遅れて1281年11月、1286年７月に見え始める。また商人による輸送は1288年12月に上都、応昌などの内モンゴル高原の拠点都市で官営輸送に代わって試みられている。ただ、輸送規模は6000〜３万石程度、現地での買い上げは費用の最高で２万錠（1281年）あるいは量で１万石（1286年）どまりである。この段階では、カラコルム方面ではすべての方法を合わせても大規模な食糧供給は成し得なかったと考えられる。

シリギの反乱が鎮まった後に、70余万人の投降者が元朝に来帰し、1287年〜1291年の間、彼らは大同方面にいた。大同は中国からモンゴル高原への食糧供給の一大拠点で、食糧を求めるモンゴルの投降民がこの拠点に避難してきていたものと見られる。カラコルム方面の食糧供給能力ではこの投降民に対応できなかったということである。食を求めて人間の方が南方へ移動したのである。元朝の食糧供給システムはモンゴル高原へは未だ不十分であったと理解される。

食糧供給の増大

1288年、王族のカイドが元朝に対し反乱を起こしてモンゴル高原へと侵攻すると、その対応策として元朝政府は、1292年にカラコルムでの農業生産を強化し、続く1297年〜1299年には、カラコルムの兵士に対して莫大な資金供与を行った。前年の1296年、敵対するカイド側の一部の王族が元朝側に投降し、大量の配下の領民ともどもアルタイ〜カラコルム方面に流入し、元朝の優遇を受けた。元朝政府はまた彼らの周辺にある元朝の諸軍団をも優遇して防備を固め、なお反旗を翻すカイド勢力対策を講じていこうとしたのである（松田 1983）。

また食糧供給にも変化がみられた。元朝政府はこの時期、カラコルム方面で元朝側に投降した勢力を含めて元朝軍事力の補強のために大規模に現地で食糧確保の政策を推進し始めた。1300年には軍糧輸送を監査し、1301年には軍営農場を監査し、また同年財務官を派遣して８万錠で食糧を購入した。1302年になるとカラコルムでの食糧確保のための商人による輸送、軍営農場での生産の強化、支払に専売許可証を給付して食糧を調達する方策が行われた。さらには中国本土からモンゴル高原への道路交通の出口である大同からカラコルムまで4000里、年10カ月25万石輸送のシステム確立の提案が官僚から提議された。実際に翌1303年にカラコルムで商人が輸送してきた米を軍糧として買い上げる予定額として30万石という数字が記録され、別の記録でも商人たちが同量の穀物を輸送した記録がある。また、軍隊に13万石を供給した記録もある（松田 1983）。この時期から、江南からの運糧が一挙に増加しているのと対応しているとも言える。

このような恒常的なモンゴル高原での食糧供給の増大は、1307年のカラコルムにおける元朝の地方行政機関、嶺北行省の設立に帰着する（ダーデス 1972-73)。嶺北行省はカラコルムから辺境までの輸送システムを確立した[(3)]。1308年には、雪害で飢饉に見舞われカイド側から投降した100万人に対する食糧供給が円滑に実施されたことが記録されている。また、1307年～1309年の軍営農場の生産は9万～20万石と記録され、大同に駐在する財務官僚が1314年までに毎年数万石の食糧輸送を実施した。1316年の3月にカラコルムでは、モミガラ付きの米を上都やその他の北辺都市から輸送してきたものには1石当たり500銭という高価格（1309～1328年頃の北中国の米価は150～272銭）で買い上げ、1カ月遅れることに価格を50銭ずつ減額する政策を実施した。3年で必要な石高が確保できたという。1316年～1319年までの間に、カラコルムでは20万～23万石の食糧が現地で購入されたことが記録されている（松田 2008)。1329年には、大都の倉庫の米100万石をカラコルムに転送して飢饉に備えたという記事がある[(4)]。カラコルムの飢饉対策用の米が大都の穀物倉庫

---

(3) 嶺北行省の長官の伝記（『元史』巻136、哈剌哈孫伝）には、1307年にモンゴル高原は大変な雪害に襲われたが、迅速な食糧輸送によって災害を切り抜けたという記録がある。「1307年に大雪が降り、人びとは食べるものを手に入れることができなかった。カラカスンは各部に命令して、転送用の車を用意させた。各部の間は150 km 離れていた。約10駅伝をつないで、数万石（1石＝約80 kg）の穀物を輸送し、飢えた人びとに供給した。それでも不足している場合には、牛と羊で補った。また土地を選んで倉を建てて穀物をたくわえ、飢えで食糧を求めて来るものたちに対応した。また古い水路を浚渫して数千頃に水を引き、チンカイで屯田を整備し、耕作も行わせるようにして、毎年穀物二十余万石も収穫でき、北辺は大変治まった」。この記事からすると、1307年ごろのモンゴル高原は雪害がはげしかったことがわかり、同時に適切な食糧輸送と配給システムが構築され、飢饉への対応が行われ、チンカイ地区では屯田整備も行われて、合計20数万石の収穫がなされたことがわかる。

(4) 黄溍撰『金華黄先生文集』巻28、勅賜康里氏先塋碑に、「カラコルムでは穀物生産が十分でないので例年飢饉となり、現金を支給して救済しようとしても穀物の買い上げに応じるものは少ない。1329年、大都の倉庫の米100万石をカラコルムに転送して貯蔵し、それにより民間の苦しみは聞かなくなった」という話が記録されている。

に依存していることをこの記録は明示している。1347年前後にも15万石程度の米が買い上げられた。

以上のモンゴル高原での食糧供給のほか、内モンゴルの上都（元の夏都）では、1291年ごろに10万石を民間に輸送させて現地で買い上げており（松田 1983）、1311年に年間30～40万石の米の出納が行われた記録がある。上都も非産米地である。内外モンゴルで買い上げられたり、出納された数字の最大数を合計すると、1300年代初期には60～70万石ないしはそれ以上の穀物が中国本土からモンゴル高原へ輸送されていたことが推測される。先の大都の倉庫収容能力を超える江南からの米の行方は、上都やゴビ砂漠を越えてカラコルムの地へ輸送され、消費された量が考慮されるべきであろう。

環境変化とモンゴル帝国の衰亡

チンギス・カンは、寒冷化の時期、モンゴル高原で展開した諸部族抗争に勝利して、モンゴル帝国を建設した。チンギス・カンは新生国家の軍事力を率いてモンゴル高原から南下し金朝に侵入、富（人、モノ）を獲得して軍事力を強化し、征服活動を進めた。またモンゴル帝国は、オゴデイ時代に北中国の金朝を征服して旧金朝領を王族や将軍たちに分割し、領地から富をモンゴル高原へ輸送し、一部には配下の領民を領地に移住させたりもした（松田 1978）。

モンゴル政権はそれらの富の分割と同時に、旧金朝領の住民を組織化して大量の新軍団を編成し、支配を強化した。ついでクビライによる南宋征服後は、旧南宋領から大量の米を北中国に海上輸送し、旧金朝領の飢饉対策に利用したことは本項の考察で明らかにしたところである。旧金朝領での飢饉対策とは、北中国の住民一般への飢饉救済もさることながら、旧金朝領にいたさまざまなモンゴル軍団、新編成軍団をはじめとするモンゴル支配集団の維持という面でも非常に重要な政策であったと考えられる。

その穀物輸送ラインは北中国からモンゴル高原へとつながっていたが、モンゴル高原での元朝駐屯軍への食糧供給に加えて、敵対勢力から流入してくる人口への食糧供給の必要から、やがて大量の穀物供給システムが確立されることとなった。それらのモンゴル高原へ流入した穀物は、江南からの海運によってもたらされた北中国の穀物の供給余力に支えられたものであろうことは間違いない。南宋領の米が北上して、北中国を潤し、北中国からモンゴル高原を養う状況が生まれたのである。

南宋征服から約1世紀後、14世紀後半に元朝、チャガタイ・カン国、イル・カン国など各地のモンゴル政権がほぼ同時に衰退を始めた。図22の③を見ると、この時期、すなわち14世紀の20年代から60年までの間に、世界的な寒冷化の状況が示されている。その変動がモンゴル諸政権の衰退・崩壊に何らかの影響を与えたかどうかの検討は今後の課題である。

（松田孝一）

2 遊牧民族と農耕
——古民族植物学からみた漠北——

歴史は繰り返す—地球温暖化と雑穀推奨策—

2009年1月28日、衆参両院の本会議の席上で麻生太郎首相の施政方針演説が行われた。その中に今の世を象徴する気になる2つのキーワードをみつけた。それは「麦・大豆の生産を拡大する」という農政転換政策(「平成の農地改革」と命名)と「地球温暖化問題の解決」という環境政策である。地球温暖化による環境悪化と農政の転換、この象徴的な言葉はどこかで一度聞いたことのあるものであった。

じつは、同じようなことがおよそ1300年前の日本で起こっていた。仏教による鎮護国家を目指した聖武天皇の統治期ごろを前後して、飢饉が頻発するようになる。その背景として、万葉寒冷期から天平温暖期までの急激な地球温暖化があった。現在の温暖化のスピードより激しい160年間で5℃も上昇するというこの環境変化(中世温暖期と呼ぶ)は、各地で風水害や旱魃をもたらし、イネ(口分田)を軸としていた当時の農政に大打撃を与えた。農作物の不足に危機感を抱いた朝廷は、これに対処するため715(霊亀1)年から840(承和7)年の間に9度の農政転換政策を発令した。720年代前半までは救荒作物としてアワを奨励し、「義倉制」による減税を行い、国家の備蓄穀物を増やした。720年代後半からは冬作物として麦類を奨励し、820年以降は蕎麦や豆、胡麻など多種の雑穀を奨励した。この農作物転換政策は、実際に民間に受け入れられたようで、古代遺跡の竪穴住居内から発見される穀物の構成が、この時期イネ中心からアワや麦類などの雑穀へ大きく傾くという現象が認められ、これを裏付けている。

私には、最近の地球規模での環境悪化と農政の雑穀への傾斜、そしてわが国での雑穀食ブームは偶然のように思われない。古代日本にくらべ現在の状況がより深刻なのは、40%という低いわが国の食料自給率、中国やインドなどの大規模人口国の経済発展による穀物消費量の急増（肉食化による飼料・バイオ燃料化による消費増大も含む）とそれに連動した価格高騰にみるように、日本人の食卓が海外の生産国に支えられており、世界の経済勢力図の書き換えや生産国における不作の影響の波をもろに被るという点である。

この教訓が教えてくれるもう一つの事実は、普段われわれが当たり前のように思っている「日本人は米が好きで、弥生時代以来ずっと米を食べてきた」という常識がまったくの思い込みであり、地域や時代ごとに、多様な作物が生産されていたという点である。雑穀主体の作物構成は、じつは弥生時代後期の壱岐や対馬の遺跡でも確認されている。山間地や急峻な地勢の島嶼部において山上まで棚田が埋め尽くす景観は、中世末〜近世以降に形成されたものであり、それ以前は自然環境や気候に適した作物を作ってきたというのが「農」の本来の姿であった。土地に負担をかける化学肥料や除草剤を施し、生産量を上げ、しかも遺伝的に改良された優良単独品種のみを好んで栽培するという現代の「農」の姿は、利益追求型の産業そのものであり、土地にかける負荷が大きく、生態系のバランスも崩しかねない。最近、有機栽培や作物自体のもつ生命力を一義に考える農法が見直されつつあるのも、このような「農」や「食」に対する不安からきている。

今回テーマとする草原という環境は、自然界の微妙なバランスに支えられたものであり、一度強いダメージを与えるともはや回復が不可能な生態である。中国北部の内モンゴルからモンゴル南部のゴビ砂漠では過剰な農耕や牧畜によって草原が破壊され、砂漠化が進行している。これも近代以降の経済中心政策の被害者といえよう。モンゴル高原は、先史時代以来、遊牧諸民族の舞台であったが、ある時期、農耕が行われていた。しかし、その農耕がどのような規模で、どのような技術で、どのような作物が栽培されていたのかは、十分に明らかにされているとは言い難い。しかし、少ない資料からみると、じつは、この草原にもっとも適して栽培されたものは、古代日本で推奨された雑穀の類であったのである。

文献にみる古代・中世東北アジア諸民族の「食」と「農」

(1)「食」を解き明かす

東北アジアの北方諸民族は牧畜や狩猟・漁労を主たる生業にし、肉食に比重を置いていたが、戦争や侵略などによって漢人との接触の機会が増えるに従い、しだいに漢人の食や飲酒の風習の影響を受けるようになる。その象徴が米食である。草原での牧畜を主な生業としていた契丹族も、10世紀前半の遼（契丹）朝の建国後、漢人との接触によって米食と麺食を主食とするようになった。また蔬菜、果物、茶などもその食生活に加えられた。『遼史』礼志には、饅頭、麺、煎餅があったことが伝えられている。また、糯米を食用に用いたという記載もある。アワの類は炊飯して食された。「炒米」は契丹族の特有な食品であり、戦時中の食糧であったという。また、モンゴル族は元朝建国後、農耕民族の影響で穀物を食べるようになり、明代以後、モンゴル地区における農業と貿易の発達により、食品中に米、麺類、各種雑穀が増加していった。イネをよく食べるようになったのは16世紀といわれる（張・薫 1993）。

じつは、契丹以前に中国東北部では渤海人がイネを栽培していたという記録がある。『新唐書』渤海伝の中に「盧州（現在の吉林・和龍一帯）の稲」とあり、研究者によってはこれを積極的に評価し、渤海人の農耕技術の高さの証拠とする（朱・魏 1984、呉・張・魏 1987）。渤海の五京（５つの都）の一つである中京（現吉林・和龍）地区のハイラン（海蘭）河流域、東京（吉林・琿春）があったトマン（豆満）江、フンチュン（琿春）河および上京（黒龍江・寧安）があったムータン（牡丹）江中流域などは水稲が広く栽培された可能性のある地域とされ、北緯43度一帯とそれ以北の地区でも水稲耕作が行われ、それが可能になった背景には灌漑技術の発達があるという（朱・魏 1984）。

しかし、考古学の資料からはそれを証明することはむずかしい。ロシア沿海州のゴルバトカ遺跡の例にみられるように、水稲が行われたとされる地域とほぼ同緯度に位置している南沿海州の渤海期の遺跡では、オオムギ・コムギ・アワ・キビ・ソバ・豆類などの穀物はあるが（セルグーシェワ 2002b）、イネはまったく認められていない。

当時の日本人の渤海国に関する記録には「土地は極めて寒く、水田には適さない」（日本逸史引用『類聚国史』、『渤海国志長編』）とある。たしかに、渤海人の上層社会には飲酒の習慣があり、その原料は米であり、渤海人の先人である勿吉人も米を噛んで酒を作ったとされる。さらに米菓子を食べる風習もあったという（張・薫 1993）。

しかし、考古資料から見るかぎり、これらは直接栽培されたものでなく、輸入品もしくはその加工品と考えられる。南沿海州の金・東夏の城塞遺跡からもイネは１点も発見されていない（セルグーシェワ 2002a）。文献に頻出する「稲」が植物学的「イネ」を指すのかも疑問である。

表2　文献よりみた中世東北アジア諸民族の「食」(小畑2008より作成)

民族	森林の民		草原の民	
	渤海人	女真族	契丹族	モンゴル族
穀物	稲?・黍・粟・麦・マメ類	粟・麦・黍・稷・稲・粱・稗・菽(マメ類)・蕎麦・穈(穄;ウルチ黍)	粟・粱・黍・蕎麦・高粱・小麦・マメ類	粟・黍・麦・稲・蕎麦
蔬菜	葱・大蒜・韮・ウリ類	葱・韮・生姜・大蒜・蕪・セロリ・白菜・筍・フユアオイ	ウリ	
果物	梨・杏・桜桃・サンザシ	西瓜・桜桃・棗・ハシバミ・ウメ・モモ・クリ・梨		
他	大麻・イチビ麻	芍薬	桑・麻	
採集	ネナシカズラ			
食風	酒(米)・米菓子	蜜糕・饅頭・焼餅・煎餅・粥・炒	米食・麺食・茶・饅頭・煎餅・炒米	麺食・米食

この稲の問題に象徴されるように、これら諸族の「食」には「栽培品」、「輸入品」、そして「採集品」があり、すべてがそこで栽培されたものであるのかは疑わしい。交易網の発達、戦争捕虜や逃避難民の移住、各国の商人の去来など、都市ではあらゆる民族と階層の「食」が混在する。これらを識別することが古民族植物学に課せられた課題でもある。

(2) 北方遊牧民の農耕地と栽培植物

中国東北地方の森林地帯を中心に居住していた渤海人や女真族は、狩猟・採集に加え、もともと農耕を巧みに行う民族であった。しかし、契丹族やモンゴル族は本来遊牧を生業とする民族であり、彼らの居住地への農耕の浸透は政治的色彩を帯びていた。

契丹族の農耕は、周辺地域に倣うことにより、10世紀初頭の遼朝（契丹国）建国時までには、穀物類以外に桑や麻を栽培するなど、かなりの進展をみていたとされる。だが本格的に発展したのは建国以後である。太宗は939年に内モンゴル東北部のハイラル（海拉爾）川畔、940年には東モンゴルのヘルレン川やオルズ（？）川一帯で農業生産を命じている。農耕が最も盛んに行われたのはシラムレン川流域の上京（現内モンゴル赤峰市・林東）地区であり、軍用・民用ともに発展し、聖宗や興宗の時期には牧畜を凌駕するほどであったという（韓 2006)。その後しだいに中京（現赤峰市・寧城）の政治的重要性が高まると、遼河流域へと農耕の中心は移った。また、南京（現北京）地区においても、野菜や瓜、果実、稲粟の類、桑、麻、麦などが栽培されていたようである（張 2008)。

一方、モンゴル族の農耕は、12世紀の統一以前から存在がすでに知られており、オングト部とコンギラト部は高粱と粟を育て、粳米を食べ、さらにメルキト部は稲作（田禾）を知っていたという。13世紀初頭にチンギス・カンがモンゴル帝国を建国して後、東モンゴルのヘルレン川、中西モンゴルのタミル川流域では灌漑水田を利用して、耐寒性の黍や麦などの農作物、シベリアのエニセイ川上流のミヌシンスク盆地では粟や麦を栽培したとされる。

元朝になると各地に軍事屯田が設けられ、内モンゴル地区の農耕は外モンゴルの、本来モンゴル族が暮らしていた牧畜地域まで拡大し、農業生産に従事する牧民たちも少なくなかったという。たとえば、1274年から軍隊の兵糧を近傍でまかなうために、カラコルム（モンゴル帝国初期の首都)、チンカイ（モンゴル国ゴビ・アルタイ県シャルガ郡付近)、五条河（ザブハン川中流)、ハンガイ（モンゴル中部ハンガイ山地周辺）などのモンゴル高原とその周辺、さらに謙謙州（ミヌシンスク地方）といった中部シベリアのキルギス人の居住地にも屯田を設け穀物を蓄えた。そのなかでもカラコルムとチンカイはその二大屯田地であった（張 2008）。カラコルム周辺での穀物生産は1308年には９万石（約8600キロリットル）、チンカイでは20余万石（約１万9000キロリットル以上）にも上ったという（松田・白石 2008）。

このように漠北（ゴビ砂漠以北のモンゴル高原）の遊牧地域で農耕が開始されたのは、屯田制に象徴されるように、都城および戦争拠点都市を中心としており、多くの人口が集住し、その周辺で農耕が行われた。

(3) 農法と栽培時期

しかし、このような寒冷・乾燥気候のもとでは作付けは必然的に一年一作であり、その生産力もあまり高いものではなかったようである。遼代のシラムレン川流域における穀物の栽培期間も晩春から盛夏と短く、明代の建州女真（女直）の穀物栽培時期はおおむねこれと一致する（河内 1992）。明代における女真（女直）族の移動はこの種植期に多く発生しており、より良質の可耕地を求めて移動することもあったようである。

また、遼代の永安地区（内モンゴル敖漢旗東北）では粱（粟の一種）の栽培に適しているが技術がよくなく、４月に作付けし７月に収穫するとあり、生産量はきわめて少なく、「契丹は粟、果実、瓜などみな燕（現北京周辺）に求め、粟は車で運び、瓜や果物は馬で運んだ」という（張・薫 1993）。

同時に、シラムレン川流域では、粟が主作物であり、少量の黍、豆類、小麦、蕎麦などの乾燥に強い作物が栽培された。粱は遼の上京（赤峰・林東）以北の地域においても栽培されていたという。ある計算によると、遼中期の上京地区の人口からみた１年間の穀物需要は234万石であり、その生産のために5.1万頃《けい》(約2900 km^2)の土地を開墾する必要があった。1978年の赤峰地区の可耕地面積は約4700 km^{2}であり、現在の60%ほどではあるが、当時かなりの土地が開墾されていたことがわかる。穀物のすべてが生産物で賄われた可能性は少ないが、当時の農法からみて畑には施肥などの技術は施されず、数年で移転した可能性があり、広大な土地が荒廃したと思われる（韓 2006)。

検出された植物遺存体

内モンゴルでは農耕を示す考古学資料が頻出している。たとえば遼代では、赤峰市バリン左旗の上京南城遺跡から石磨盤と、高粱と蕎麦の種子が発見されている（張 2008)。また、上京の皇城の発掘ではキビが発見され、南部の堆積層からはコウリャン（秫）が、さらに上京漢城からはムギの種子が発見されている（韓 2006)。

しかし、モンゴル高原における農作物を示す考古学的資料はきわめて限られている。カラコルム遺跡では、ドイツ・モンゴル隊による2000〜2002年までの発掘で宮殿址と市街地部分から植物遺存体が検出されている(ロッシュほか 2005)。それによると、100試料５万点におよぶ植物遺存体中には、炭化・未炭化のオオムギ、コムギ、キビ、アワ（少量)、アサ、マメ類（レンズマメ・エンドウマメ・ソラマメ）などの穀物が含まれていた。これらが穂軸や籾殻などを伴うこと、さらには好湿種であるカヤツリグサ科やアカザ科の雑草種子が伴出している点などから、灌漑や施肥技術をもった農耕が行われたと推定されている。出土穀物の主体は、コムギ、オオムギ、キビであり、アワはキビに伴出する頻度が高いが、出土量は少ない。これ以外に、市街地から出土した植物種子には、遠隔地から輸入された果実・堅果類なども含まれる。カラコルムの植物試料の年代は13世紀初〜14世紀後半、15世紀と年代幅が大きく、まだ年代別の詳細な分析が行われていない試料群である。

もう一つの植物遺存体が発見された重要な遺跡としてアウラガ遺跡がある。この遺跡はヘンティ県デリゲルハーン郡に所在するチンギス・カンの本拠地「大オルド」の跡と推定されている（白石 2008)。調査は2001年から2008年度まで８回にわたり実施された。2006年に実施された遺跡東隅の第８地点にある方形のマウンド状の高まりから、「焼飯」儀礼の跡と思われる遺構が発見された。「焼飯」とは穴を掘り、そこに家畜の骨付き肉、穀物、酒、衣類などの供物を入れ、燃やして煙を立たせることにより、天上にいる先祖の霊にとどける祭祀儀礼である。

遺構からはウマ、ウシ、ヒツジなどの家畜の骨とともに、生焼け状態のコムギ、オオムギ、キビなどの穀物が発見された。これを契機にその後の調査でも現場でのふるい掛けやフローテーション(水を使った選別)が実施され、多数の炭化した植物遺存体が検出されている。

アウラガ遺跡から出土した植物遺存体は、コムギ、オオムギ、カラスムギ（？)、キビ、マメ科、エノコロ、ソバカズラなどの種子が主体であり、これ以外に、不明果実種子やアカザ科を中心とした雑草種子などから構成されている(図25)。もっとも多いものはコムギ、次いでオオムギ、キビであり、この３種で全体の９割を占める。マメ科種子と思われるものは３点ほど発見されており、うち１点はエンドウ属の種子と思われる。このほか、１例ではあるが、Loc. 12の焼飯６からウリ（メロン）の種子が出土している。

アウラガ遺跡の焼飯遺構の時期は、第８地点の焼飯遺構の穀物自体の放射性炭素年代値1155〜1255AD（IAAA-61072）（白石編 2007）から、ほぼ12世紀後半〜13世紀中ごろの時期が想定される。この年代は、アウ

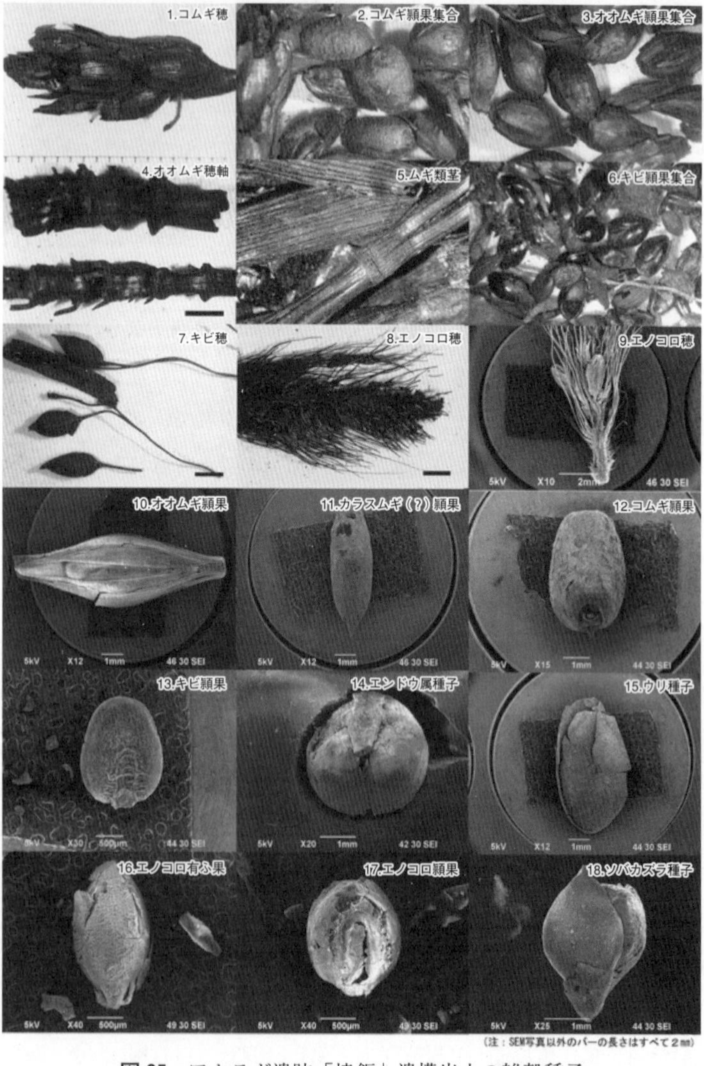

（注：SEM写真以外のバーの長さはすべて２㎜）

図25　アウラガ遺跡「焼飯」遺構出土の雑穀種子

ラガ遺跡における祭祀行為は13世紀半ばごろより開始され、都市の成立とともに14世紀初頭までには祖先を祀る祭祀が恒常的に行われるような象徴的な場所になったという評価（加藤 2004）と一致する。

漠北地域の栽培植物とその特質

モンゴル高原における農耕適地はカラコルムの位置するオルホン平原である。現代のモンゴル高原における主要穀物産地は、夏の平均気温が16℃以上、冬の平均気温は－20℃以上、年間降水量が250 mm 以上の範囲に集中しており、その中でもオルホン平原はもっとも南に位置するという（白石 2002）。1247（定宗２）年にモンゴル高原を旅した張徳輝の『嶺北紀行』では、カラコルム周辺では多くの人が農業に従事し、川から水を引き灌漑を行い、野菜や雑穀を作っていたという。また、同じオルホン平原に位置する８～９世紀のウイグル可汗国の都オルド・バリク周辺でも農耕が行われていたと当時のペルシャ人の旅行記にあるという（白石 2002）。より東側のオルホン川の支脈沿いにあるトーラ川支流の契丹軍の都市や集落は肥沃で水の豊かな土地に築かれており、周辺で農耕が行われていた。その証拠としてハル・ブフ城址やチン・トルゴイ城址周辺には灌漑用水路や農耕地の痕跡が認められるという（松田 2007）。

その地域より東側のアウラガ遺跡の位置するヘルレン川上流域も農耕適地であった可能性が高い。先の張徳輝はヘルレン川沿いでも漢人が居住して農耕を行っていたことを観察したという（白石 2002）。この時期はアウラガ遺跡において焼飯儀礼が盛んになり始めた時期に相当する。

アウラガ遺跡出土の植物遺存体の中で、栽培植物はコムギ、オオムギ、カラスムギ（？）、キビ、エンドウ属である。これらは主に焼飯遺構から発見されたもので、その構成は儀式に使用される植物種に限られ、日常利用されていた植物のすべてを表すものではない。それはカラコルムで発見された植物遺存体の種類や元代の薬膳（忽 1993）に現れる植物にくらべて種類が限定的であることからうかがい知ることができる。

コムギ、オオムギ、キビは量的にまとまって出土し、しかも穂・茎・葉・根付の状態であることから（図25）、貢納品や商品として精選されたものではなく、近傍にあった耕作地から収穫後直接この場に持ち込まれた可能性が高い。もちろん「根・茎・葉・穂付の栽培植物があること」と「そこで栽培された」ということは同義ではない。時の権力者によって遠隔地から調達された可能性も否定できない。なぜならば、アウラガ遺跡では、焼飯という特殊な性格の遺構から発見されており、祖先に供物として捧げるため、わざわざ遠くから運び寄せたのかもしれないからだ。

しかし、以下の３点から、遠隔地からの搬入という説は否定できよう。

①イネ（米）が含まれていない：先に述べたように、渤海人をはじめ、契丹族、女真族、モンゴル族など東北アジアの諸族は、漢人との接触によって米やその加工品を好み、とくに上層階級の人びとは食生活の中にそれらを取り入れていた。もし遠隔地から焼飯用の穀物を取り寄せたとすれば、その中にイネも含まれていて当然である。

②主要穀物がカラコルムと共通する：両遺跡出土の主要穀物はキビ、コムギ、オオムギであり、その割合もほぼ一致する。カラコルムの生活域で発見される穀物が焼飯（祭祀遺構）から発見される穀物と一致すること、そしてそれらが耐寒・耐乾性の種である点などから、輸入品ではなく、栽培されたものと解釈される。これはロシア沿海州地方の渤海〜金代の城塞址出土品とも共通し、東北アジアという寒冷な地域での栽培穀物の特徴といえる。

図 26　ウランバートル郊外ダルハン・オール県ボルノールのコムギ畑
草原の緩やかな丘陵斜面には広大なコムギ畑が造られており（左）、黄金色に染まったコムギの周囲にはエノコロが生え（中）、コムギの茎にはソバカズラが絡みつき、たわわに実をつけていた（右）。

③麦作雑草の存在[5]：麦畑に特有の雑草ソバカズラが3%ほど含まれている。またエノコロの種子もその可能性が高く、これらの穂や茎なども含まれていることは、作物の選択が行われない状態で持ち込まれたこと、すなわち当地で栽培された可能性を高めている（図26）。

イネはカラコルムから２点のモミが発見されている。カラコルムを領有したチンギスの末子トルイ（睿宗）には稲の栽培を行う３万戸が隷属しており、稲田（水田）がカラコルム周辺に存在した可能性も指摘されている（白石 2002）。しかし、ロッシュらはカラコルムで発見された稲

(5)　ソバカズラ（*Polygonum convolvulus*）に関しては、現生比較資料の不足によって確認できず、出土量の多さのみから食料であったと想定した。また、エノコロ（*Setaria viridis*）については、穂や穎の特徴はエノコロであるが、穎果がアワに類似するような丸い形態のものをわずかに含むこと、トーラ川渓谷にある遼代の城址であるチン・トルゴイでエノコロと同定された種子が貯蔵穴から検出されていることなどから、野生種との中間的な形態をもつ栽培アワであろうと推定したことがある（小畑 2009）。しかし、2009年９月、筆者がウランバートル郊外のボルノールでコムギ畑を観察した結果によると（図26）、この両者はコムギ畑の雑草として検出できたし、形態や組織もアウラガ出土品と同様な特徴を備えていた。しかし、これらが食料として利用されたことを完全に否定するものではない。

籾は輸入されたものであると判断している（ロッシュほか 2005）。カラコルムでは漢地から食糧の大半が輸送されたとみられる穀物の買い上げが行われ、その額は1303、1316、1318、1319年の総計で25万石～30万石にも上っている（松田・白石 2008）ことも知られている。

アウラガ遺跡の焼飯遺構の穀物や雑草をみると、晩夏から初秋の収穫物や同時期に結実する畑地雑草で構成されており、この地域の冬季の低温状況を考えると、収穫時期は晩秋まで下る可能性はきわめて少ない。その栽培穀物の中にイネは含まれていなかった。これら耐寒・耐乾性のコムギ・オオムギ・キビなどの穀物が、当時のモンゴル高原で栽培されていた穀物を示すものと推定される。イネがモンゴル高原において作られた可能性はきわめて低いといわざるを得ない。

草原での農耕（共生への道）

雑穀の優れた点として以下の点がある（阪本 1988）。①食糧として優れている、②作物として優れている、③保存がきく、④伝統的な主要原料として多様な利用法（粒食・ひき割食・粉食）が可能、⑤酒の材料として利用可能などである。食物連鎖ピラミッドを考えると、牧畜者は肉食獣と同じレベルにあるのに対し、農民は家畜（草食獣）レベルの階層であることから、穀食（農耕）が肉食（牧畜）より多数の人を養うことができる。また、備蓄が可能で、干米や炒米のような非常時の保存食としての加工も容易であることは、粒・粉という運搬のしやすさともあわせて、雑穀が兵糧としてうってつけの食糧であることを意味する。穀物栽培が国家権力者の指揮のもと推奨されたのも、以上のような雑穀のもつ特性が、戦争や都市人口の維持にきわめて有利に働いたからであろう。

草原は遊牧の舞台である。遊牧とは季節的移動を必要とする牧畜を意味している。遊牧民たちは家畜の群れを1カ所にとどめておくと植生への付加が一時的に高まってしまうことを熟知しており、環境劣化を防ぐために移動を行う。現代モンゴルにおいても農耕化の進展によって確実に草原の人口扶養力は高まったといわれる。しかし、その草原も人の干渉（遊牧）によって維持されていることを忘れてはならない（小長谷2003)。家畜の適度なグレイジング（家畜が植物を食べること）圧が多種の食用植物を含む草原を作り出し、家畜の多様性もこの維持に貢献してきた。過放牧はグレイジング耐性植物を増加させ、草の種の少ないオーバーグレイジングの状態を作りだす。同じように耕作化もモンゴルのような乾燥地では水や土壌中の塩類が土壌の表層に集まり、土壌のアルカリ化を促進させる。藤田昇の「モンゴルの風土、気候においては、定住や農耕による長期間の裸地化は、グレイジング耐性植物を優占させ、産業としての牧畜による草原の持続的な利用を困難にする。遊牧こそがモンゴルにおいて自然の持続的利用を可能にする。理にかなった第1次産業であり、それ故に1000年以上もの長期間持続してきたといえる」との指摘（藤田 2003）は、きわめて示唆的である。

農耕適地であったカラコルムの崩壊（白石 2002）にみられるように、都市の疲弊は、集住による人口増加とそれを支えようと無理な耕地拡大を図った結果であり､草原の生態を無視した暴挙が招いた必然であった。また、遼（契丹）国建国後の上京地区では渤海人や漢人など多数の農民が移住し農業を行った際､都市遠郊に散在する集落は黄土台地に立地し、開墾規模も小さく環境に与える影響はほとんどなかったが、都市周辺の集落は砂地の中心部にあり農耕にも適していなかったため、人口集中により環境を悪化させたという（韓 2006)。

現代に目を向けると、2008年度はダイズの3大主要生産国の一つであるアルゼンチンの不作、中国河南省における小麦の不作など、世界規模で悪天候（干ばつ）による農作物被害が深刻であった。穀物の需要増加に対し生産地の不作は世界的不安を引き起こす。将来必要とされるダイズの増産も広い農地候補地をもつブラジルに希望を繋いでいるが、それも熱帯雨林の森を犠牲にしてのことである。草原での農耕の教訓がわれわれに教えてくれることは、増産よりもシェア、集中よりも分散である。繊細な草原は宇宙の青いガラス：地球に似ている。

（小畑弘己）

3　遊牧王朝の興亡と鉄生産

モンゴル帝国と鉄

モンゴル帝国の形成と維持にとって、鉄が重要なファクターであったとする考え方はきわめて興味深い（白石 2002）。それはアジアにおける国家の成立と鉄との関係について、きわめて適合的なモデルと推察され、追究の価値が高いと考えるためである。しかし、それ以上に筆者自身、遊牧民族がどのような手段で鉄を入手し、鉄器を生産し、消費したかという点に関してあまりにもイメージをもちあわせていなかったという個人的な理由もある。自分自身が経験してきた生産関連遺跡の多くが農耕民族の所産であることをあらためて認識しながら、モンゴルにおける鉄生産関連遺跡の調査に携わることとなった。

モンゴル帝国とほぼ同じ時代における日本の製鉄のイメージを思い描いてみよう。生産のために必要なものは原料である砂鉄、燃料の森林資源、炉材となる良質な粘土。必然的に生産の舞台はこれらが豊富な山の中である。砂鉄を求める場所は川にあり、炉材を捏ねるための水も川にあるため、鉄生産の景観にとって川は必須のパーツとなる。そして鉄の生産の量と回数は木炭のそれと比例する。砂鉄を求めたあとの川の変化。森林を伐採したあとの山肌の変貌。そして水を共有する里の農民との葛藤……。

鉄の生産にとって、原料である鉄鉱石や砂鉄は当然のこと、森林、水も必須であった。そして鉄生産が高揚すればするほど周囲の環境を変容させることとなったのである。モンゴル帝国初期の主な舞台となったヘルレン川中流域は森林ステップ帯に属するが、13世紀以降は多少針葉樹の消長があったとしても現状の植生とほとんど変わらなかったと推定されている（白石 2002)。つまり森林と水を必要とした農耕民族社会の鉄生産に関わる素朴なイメージをモンゴル帝国の本貫地に対して抱くことはとうていできない。

そうすると興味深いモンゴル帝国と鉄との相関関係は、そのメカニズムをもう少し細かい視点で捉える必要があろう。同時に農耕民族社会の場合がそうであるように、鉄や鉄器生産の高揚がもたらした社会変革以外の影響について考えてみたい。

アウラガ遺跡と鍛冶

モンゴル帝国を築いたチンギス・カンの本拠地がアウラガ遺跡であるとする説は、近年の発掘調査成果がますます補強している（白石 2006)。アウラガ遺跡はヘンティ県デリゲルハーン郡にあり、その発掘調査の歴史は1961年のKh. ペルレーやJ. シューベルトに始まり、現在、日本・モンゴル共同調査団により調査が進行中である。

調査を指揮する白石典之は以前からペルレーの報告にある「鉄工房」、「溶鉱炉」に着目し、また遺跡で散見される鉄滓類に注目していた（白石 2002)。そして2005年夏、鉄・鉄器の生産を把握するための初めての調査が実施され、筆者も参画することとなった。東西1200 m、南北500 mの広大な遺跡で、工房址を発見することはきわめて困難である。しかし白石は遺跡内に植生の濃淡、つまりクロップ・マーク（crop mark）があり、草がまばらで地面が広く見える地点でしばしば木炭や鉄器片が多く散布することを認識していた。2005年は、そういった地点を含めて、遺

図 27　アウラガ遺跡出土の鍛造剥片（磁石に引き寄せられている）

跡内を広く鉄を求めて踏査することから始まった。道具は磁石。磁石片手に遺跡内を歩き回り、その結果、新たな発見があった。鍛造剥片（hammer scale）である。鍛造剥片とは鍛冶場で鉄を鎚で鍛える際にその表面から飛び散る微細な剥片であり、不純物を含む酸化鉄の皮膜である。微細でありながらも情報量は多く、操業温度の高低を反映し、鍛冶の工程の違いすら示唆する重要な資料である。鉄素材から絞り出される鉄滓も鍛冶の工程差を示す貴重な資料である。これら二種類の不純物、換言すれば産業廃棄物はその組み合わせによって、鉄器生産工程の微妙な違いを物語るのである。アウラガ遺跡では、鉄滓や鍛造剥片が散布する地点が各所にあることがわかり、また前者と後者の比率も多様であることがわかってきた。ここで鉄器を生産した諸工房がそれぞれ独立的に存在したのではなく、分業を通じて連関性をもっていた点が想定できるようになってきた（図27）。

2005年には鍛造剥片や鉄滓などの鍛冶の残滓が大量に堆積した地点を検出し、2007年の調査ではついに鍛冶工房の一部を掘り当てた。こういった地点では白石が指摘したようにやはり植生密度が希薄であった。鉄滓、鍛造剥片やそれらから流出するさまざまな金属、そして木炭片や微細な木炭粉などが植物の成長を阻害していることは明白である。とくに2005年度の調査では、廃棄物の堆積層以前に堆積したと考えられるほぼ純粋な風性砂層からもわずかながら鍛造剥片を検出した。この地における人の営みに間断があり、営みがとぎれた際に、鍛造剝片を含んだ砂塵が生活の場を覆ったのであろう。想像たくましくすれば、営みがとぎれる期間はチンギス・カンの遠征にあたり、鍛冶師も従軍したため工房が一次遺棄状態になり、副産物が飛散したとも解釈できる。2007年の調査では、古い鍛冶工房址がいったん灰で埋まり、その灰の上に新たな工房が建て直されている状況を確認した（村上・笹田 2008）。従軍を終え、帰還した鍛冶師が遠征前に営んでいた工房の、まさにその上に工房を建てたのであろう。この点に、アウラガ遺跡における工房空間の固定的状況をうかがうことができるが、微視的にみれば、いろいろな意味で残滓や廃棄物との共存であったことがわかる。

現在のところ、アウラガ遺跡における鉄に関わる生産は鍛冶のみであり、製鉄を支持する考古資料は現在のところみられない。鍛冶工房での鉄器生産について、もう少し細かくみてみよう。先述した鍛造剝片や鉄滓以外に、鉄器やその破片そして木炭も発見される。いわゆる製品としての鉄器の数量は少ない。それは製品のほとんどが工房から出荷されたためである。その一方で目立つ鉄片といえば折れ曲がった釘であったり、鉄鍋のそれであったりする場合が多い。これらは再度鍛冶炉で溶かして、新たな鉄器に生まれ変わる素材でもある。つまり古鉄のリサイクルである。こういったリサイクルは青銅器についても行われており、先の鍛冶工房に近接した青銅器工房でもスクラップが坩堝とともにいくつも発見されたのである。

金属はリサイクルによって何度も生き返るところに利点がある。この利点が熟知された金属工房がチンギス・カンの拠点で営まれていたとみられる。リサイクルの前提となった古鉄の収集も彼らにとって重要な生産活動の一環であったとみたい。

しかしながら、古鉄のリサイクルだけでモンゴル帝国の初動が支えられたのではない。

この点については別の証拠がアウラガ遺跡に残されていた。

図 28　アウラガ遺跡出土の棒状鉄製品

製鉄とモンゴル帝国

アウラガ遺跡では利器、容器、建築材のいずれにも属することのない定形的な鉄器が知られている。それは横断面形がほぼ正方形を呈する棒状の鉄製品である。大澤正己よる金属学的な分析の結果、この棒状鉄製品が鋳鉄脱炭鋼であることが判明した（図28）。鋳鉄脱炭鋼とは、鋳鉄（銑鉄）を鋳型に流して成形したのち、特殊な炉の中で固体のまま脱炭して鋼にしたものである。鋳鉄は炭素分が高く、そのため堅くてもろいという性質があり、利器には不向きで、当然そのままでは鍛造もできない。そのため、密閉度の高い炉の中で、鋳鉄を脱炭剤に埋め込んで、表面からじわじわと炭素を除去し、鍛造可能で、強靱な鋼に変えたのである。鋳型で成形することから、素材に求められる規格性や大量生産性という利点も残した鍛造素材である。これこそモンゴル帝国の鉄器生産にふさわしい鉄素材のあり方とみられる。しかしながら、この鋳鉄脱炭鋼は当時、中国でしか生産することができなかった。

中国は世界で最も早く銑鉄生産を開始したことで有名であり、その歴史は春秋時代末期までさかのぼる。そして生産のみならず、銑鉄の欠点を補うような熱処理の技術、すなわち脱炭技術も戦国時代には発明された。

大澤によるアウラガ出土鉄製品に対する分析結果の中に、鉄産地の候補として山東省の名前が挙げられていた。そしてこのことと山東省済南市郊外にある霊巌寺の碑文に刻まれた「内史府」に関する内容とがきわめて整合的であることが白石により指摘された（白石 2006）。内史府とはチンギス・カンの遺宮、つまりアウラガ遺跡を管理する役所のことであり、その内史府が山東に鉄の利権を有していたという内容を見出したのである。また文献をひもといた結果、チンギスが1213年に山東省の諸都市を次々と攻略し、済南市付近を通過したことも発見した。鋳鉄脱炭による棒状鉄素材と中国の山東省とが結びつき、支配下においた黄海沿岸地域からの素材搬入が想定されるようになった。このような遠隔地間における鉄素材の移動はまさに権力のなせる技であり、このことが考古学、金石学、文献史学そして金属学との協業で解明されたことはきわめて重要である。

しかしながら、先述したアウラガ遺跡の鍛冶工房における発見物は鉄素材の問題について異なる選択肢の存在を気づかせてくれた。そもそも鋳鉄脱炭による棒状鉄素材は純度の高い素材である。一方、鍛冶工房で出土する鉄滓は素材の中に不純物が含まれていたことを示唆しており、アウラガにおけるそれらの量、大きさはむしろ精製度の低い鉄素材が鍛冶に供されたことを暗示している。つまり、山東起源の鋳鉄系素材とは異なった産地の素材も想定する必要がある（図29）。

白石はチンギスの領土拡張のための遠征を鉄産地の攻略の道のりと評した。その途上にエニセイ川上流域のキルギスがあり、白石は軍事力の基盤となる鉄資源を目的として攻略したと指摘している。この地域にはモンゴル高原周辺地域の中でも最大の鉄産地であるケムケムジュート

（謙謙州）がある。ここは現在の南シベリア・ハカシア共和国に含まれているが、Ya. I. スンチュガシェフの著作によれば、タガール文化段階以降、連綿と鉄生産が続けられてきたことがわかっている（スンチュガシェフ 1979）。スンチュガシェフは古代の第2段階とする8世紀から12世紀に属する8カ所の製鉄遺跡を紹介している。各遺跡が複数の製鉄炉をもち、また排滓場、製炭遺構をともなっている。製鉄炉は基底部に大型の礫を採用したものであり、各製鉄炉は直径5m前後、高さ1m前後の円形あるいは楕円形プランの排滓場を備えており、その排滓場が複数という場合もあるようである。報告書を見るかぎり、古代の第1段階である6世紀から9世紀に比較すると炉の構造・大きさ、排滓場の規模も大きく異なり、生産量の増加が看取される。現在、シベリアにおける鉄生産に関する研究は低調であり、スンチュガシェフ以降の研究動向を今のところ知ることはできない。しかし、少なくとも12、13世紀を迎えるまでにケムケムジュートにおける製鉄は文献に現れているように高揚していたことが遺跡からも推測がつくのである。

図29 アウラガ遺跡出土の鉄滓

ハカシアにおける製鉄がどのような技術で、いかなる性質の鉄を産出していたかについては、今後に検討をゆだねなければならない。しかし、アジア製鉄史の常識によれば、中国のような銑鉄生産は不可能と考えられるので、錬鉄あるいは鋼が生産し得たのであろう。さらに、おそらく直接鍛えうるような良質の鋼の生成は期待できないので、むしろ低炭素傾向の鋼か錬鉄を生産したとみる。そしてそれらが遠路、チンギス・カンの拠点であるアウラガに搬入され、鍛冶屋で精製され、製品に鍛えられたことも十分想定されよう。アウラガ遺跡の周辺では今のところ製鉄を支える鉄鉱山の発見はない。またなによりも、製鉄を支えたもう一つの資源、森林はチンギスの時代以降、十分な規模を期待できない。それでもアウラガ遺跡には多数の鍛冶工房空間があり、鉄器の大量生産を行っていたとみられるため、木炭生産は免れなかった。近隣の木々を切り尽くし、景観も大きく変わっていった様子が想像される。

以上のように考えると、チンギスの活動拠点で消費される鉄は、鋳鉄脱炭法による棒状鉄素材にしろ、低炭素傾向の鋼や錬鉄にしろ、アウラガ遺跡からはるか遠くで生産され、運搬されてきたものとみられる。白石が鉄獲得のために攻略したとみるその他の地域をこれに加えるならば、アウラガ周辺の非製鉄地帯の外側に製鉄地帯を配するいわば同心円状の生産・消費構造を構築していたと評価することができよう。森林資源を大量に消費し、鉄滓等の廃棄場の形成をともなう製鉄をあえて領域の周辺に課す鉄生産体制は、素材の運搬体制さえ機能すれば、宮都にとってはきわめて合理的な体制であると評価できよう。

しかし一方で、森林枯渇、環境破壊といったデメリットをその周辺も担う羽目になったことも事実である。近代世界の歴史を考究するための理論である世界システム論を当てはめることはできないが、周辺地域を拠点に対する原料や素材の産地ないしは供給地として固定化し、産地であるがゆえに生ずるさまざまなデメリットを負わせる体制と、きわめて類似したシステムをモンゴル帝国が築いていたとみることも可能ではなかろうか。

鉄製武器の増産と帝国支配の影に

鉄器の増産は鍛冶技術者の腕と数にもよるが、やはり原料と燃料は必須であった。チンギス・カンは製鉄については原料と燃料が豊富な遠隔地にゆだね、その生産物を獲得した。さらに金属利用のメリットであるリサイクルも徹底的に行った。遠隔地で生産した鉄の利用、そして古鉄のリサイクルはまさに循環的な鉄器の生産と消費を実現するものであると同時に、自らの環境にとっては最小限のダメージにとどめる理想的な生産活動であった。しかし、アウラガ遺跡における大規模な鉄器生産もまた、結果的に本拠地の荒廃を促進した可能性がある。

現在、モンゴル国内では外国資本を積極的に導入した鉄鋼業が盛んになりつつある。北部国境地帯のダルハン市は鉄鋼業を核としてモンゴル第2の都市にまで成長した。現在の原料は主にくず鉄だが、この地域は白石の研究によれば鉄で強大化したメルキトの領域である。忘れ去られた遠い過去の鉄生産とそのデメリットが増幅した形で再現されるのか、あるいは過去の歴史に学んで制約されるのか、その行く末を見守るしかない。

同時に、金属利用のメリットであったリサイクルについても悲観的にならざるを得ない。遺跡にうち捨てられたホイール・キャップ、車軸、缶……。チンギスの時代であったらリサイクルされていたであろうに。リサイクル、モラルの忘却は、チンギス・カンが築きあげた遊牧民族にとっての理想的な生活の忘却でもあるように思えてならない。

（村上恭通）

4　変わりゆく草原世界
——モンゴル帝国滅亡後の漠南——

モンゴル高原における遊牧と農耕

牧畜がその起源において定住的な農耕と分かちがたく結びついていたことは、ほぼ定説となっている（藤井 2001）。定住域内での牧畜から遊牧が派生し、移動範囲を広げても、牧民による小規模の農耕は営まれたようである。やがて、騎馬技術が習得され、ほぼ同時に現在のユーラシア草原地帯において乾燥が進み、牧畜に適した草原が出現することにより、遊牧民の活動領域が広がる。しかしながら、中央ユーラシアに出現した文化の多くは、農牧複合経済からなっていたことは考古発掘の示すところである（林 2007）。草原地帯に都市を築いた騎馬遊牧民とされる人びとの軍事拠点となる城市遺跡の周辺にも、子細に観察すれば耕地遺跡が広がっている。当然に交易から得られる収入も経営財源のひとつであり、軍事集団や外来者をふくむ多くの人びとを養わねばならなかったこれらの都市は、用水を確保しやすい地に在ることからしてもオアシス都市と称した方がよいかもしれない。

チンギス・カンを創始者とするモンゴル帝国も遊牧の民を中核としながら、商工民、そして、農耕民を帝国経営に欠かすことのできない要素として取り込んでいたことに変わりはない。モンゴルの根拠地たるモンゴル高原においては、近年、白石典之らにより居住地、工房、耕作地などからなる複合遺跡が確認されている（白石 2006）。モンゴル帝国時期の同様の複合遺跡は、都市や駅站、物資集積地として活用された地点などから今後とも発見されるであろうことは間違いない。

モンゴル高原において農耕を行っていた人びとはどこから来たのであろうか。モンゴル帝国初期は「中国の人」を略取して奴婢としたというような記載があるように（『蒙韃備録』「糧食」）、必ずしもみずからの意志にもとづき到来したわけではなかったろう。同じ史料では、モンゴルはムギなどの穀物も略奪の対象としていたが、同時にモンゴル高原ではキビを産する土地もあったという。チンギス・カンに深く関わるモンゴル国中東部のアウラガ遺跡からは穂、くき、葉をともない、近傍の耕作地からもたらされた可能性が高いコムギ、オオムギ、キビが検出されている。カラコルム遺跡からは前記の３種にくわえて、穂軸やもみがらをともなうアワ、マメ、アサなどが出土している（小畑 2008）。

20世紀前半に活躍したラティモアにみられるように、多くの研究者、ジャーナリストは遊牧が農耕と併存していたことを否定しない（ラティモア 1940）。しかし、かれらが描くのは定住農耕世界と遊牧民とが対立する構図である。草原に出現した農耕については過小評価したいという意識がはたらいている。後来に「伝統」と考えられた像を理想化し、単純な遊牧生活を復興しようとするだけでは、歴史が示唆している可能性と問題点を見失ってしまうのではないだろうか。

本章では、16世紀以降、そして、大々的となったのは18世紀以降である漠南への漢人の流入過程と地域社会の変容、農牧の均衡が失われたことにより生じた問題を考察することで、現代のモンゴル高原における可能性をさぐる一助としたい。

漠南への漢人招致前史

漠南とは、ゴビ砂漠の南側、現在の内モンゴル自治区を中心とするモ

図 30　清朝期におけるモンゴル高原および周辺の概略図

ンゴル高原南部のことをいう。この語を用いる各人により範囲に揺らぎはあるだろうが、おおよそジリム盟、ジョソト盟、ジョーオダ盟、シリンゴル盟、オラーンチャブ盟、イフジョー盟からなる清朝時期の内蒙古6盟、そしてチャハル、これらの広大な地域が漠南を構成する。ときに、エゼネ・トルグート旗とアラシャン・オイラト旗の套西２盟も含まれることもある（図30）。

大元ウルス（元朝）の順帝（トゴン・テムル）が明軍に逐われるかたちで北帰する以前は、漠南東部の中心には夏都たる上都があった。西に目を移していくと、駅伝経路に沿って集寧路、亦集乃《エチナ》路をはじめとする都市がつらなって存在する。各都市がもつ歴史背景に大きく影響されるが、大元ウルスによる支配が貫徹していた時期にも、それらの周辺域では農耕も行われていたであろう。農耕地遺跡から採取された炭化コムギの放射性炭素年代測定により、亦集乃路（現在のエゼネ旗一帯）では、西夏統治時期から大元ウルス統治時期を通じて、さらには統治の空白時期にあたる15世紀なかばまで耕作地が営まれていたことが判明している（斉ほか 2007）。亦集乃路における農牧のありさまは、カラホト（黒城・黒水城）から出土した文書から断片的にうかがうことができる。青海に発し流れて末端湖ソゴ（ソボ）ノール、ガションノールに注ぐ黒河からは灌漑水路がひかれ、オオムギ、コムギ、キビなどが西夏系、モンゴル系、漢人系の名前をもつ人びとによって耕作されていた。

江南の地に興った明朝は、洪武・永楽両時代にモンゴル高原まで軍事遠征を行いはした。孔居烈倉に比定されるウブルハンガイ県シャーザン・トルゴイ遺跡のように、永楽時代初期に前線基地的な役割を背負ったであろうものもモンゴル国で発見されている。しかし、基本的には長城線を版図の北限とし、モンゴル高原の本格的な経営に乗り出すことはなかった。この事実は漠南の農耕従事者が、棄耕したことを意味するわけではない。亦集乃と同じように、長城線の北側で明朝の支配に服さず、みずから農作物を栽培し、生活していた人びとがあったはずである。

漠南において農業を担った漢人の動きは、とくに16世紀以降、アルタン・ハーンを始祖とする順義王家支配下の板升《バイシン》において顕著となる。板升とは、長城の北側に形成された漢人主体の集落である。板升に生活する漢人の数は、山西省辺外だけでも10万人になんなんとしたと推測される（岩井 1996）。その中でも典型的なものは、豊州（帰化城、フフホト）の板升である。周囲には数千頃《けい》の農地が開墾され、牧畜や狩猟をともなう複合的な経営がなされた。板升に居住する者の来歴は「略取されてきた者か亡命者である」とされる（明兵部 1569「大同鎮図説」）。かれらは、モンゴルが長城線を越えて侵攻してきた際に強制的に連れ去られるなり、辺軍として長城補修に動員されながらも苦役に耐えかねて逃亡してくるなり、あるいは、互市体制を背景とする経済的機会を積極的に求めて、移住、往来していたのであった。モンゴル諸部長もかれらの生産・交易活動を通じて得られる利益を享受していた（岩井 1996）。

隆慶・万暦年間（16世紀後半）に明朝北辺の官職を歴任した蕭大亨は、①大同、宣府辺外の夷人が従来から耕作を行っていること、②牛やスキを用いていること、③作物はムギ、アワ、キビ、マメなどであること、④蔬菜も栽培しはじめたこと、⑤粗放な農耕であることを伝える（蕭 1594「耕猟」）。ここに言う「夷人」が、はたしてモンゴルであったのか、それとも服装を違えた漢人であったのかは定かではない。

いずれにせよ、16世紀後半から17世紀にかけての漠南は、モンゴルにとってはより多くの物資を得るためのルート、かつ、さまざまな貢品の徴収源であった。板升に定着した漢人にとっては、長城線の内側で得ることができなかった安寧が保障される場でもあり、経済活動のフロンティアでもあった。モンゴル高原では、出自を異にする諸集団が往来し交錯するということは、歴史を通じてみても、ごく普通のことであったろう。その現象の一つが板升の形成であり、数十万人の手によって農耕が継続的に展開されていたのである。

もともと一部は農耕生活をおくっていたジュシェンは同じころ、順義王家と同様に漢人を受け入れ、遼東の地にあっても板升が形成された。そして、ハダ、イェヘ、マンジュの諸集団は、高級物産から生活物資まで手広くあつかう武装商人集団の性格を持ち合わせるようになる（岩井 1996）。かれらの中からあらわれたヌルハチにつづくマンジュ集団は、マンジュ国（マンジュ・グルン）、後金、大清国（ダイチン・グルン）と新たな国号を創出し統治集団として成長していく。天聡9（1635）年、ヌルハチの第8子ホンタイジ（スレ・ハン）は、モンゴル正統王家のエジェイから大元ウルスに伝わるとされる「伝国の璽」を譲り受ける。翌年、内モンゴル16部の諸王侯は、ホンタイジをハーンにあおぎ、ボグド・セチェン・ハーンの尊号を奉じた。これにより、モンゴルの正当な支配者は、少なくとも名義上、マンジュ国の君主によって兼ねられたものとされる（三田村 1990）。外モンゴルのハルハ3ハン国の諸王も、康熙30（1691）年に、ジューン・ガル部のガルダンに対抗するために清朝への臣属を誓った。ジューン・ガル勢力をモンゴル高原から駆逐するのは、やや後のことになるが、こうして、清朝の影響下にモンゴル高原は制度的にも経済的にも編成しなおされることになる（前掲書）。

漠南への漢人招致とその対応の制度的変遷

基本的に、漠南モンゴルの編成は、康熙9（1670）年までに終了する。かれらは、王侯に率いられたジャサク旗（16部49旗）―盟―理藩院という階層的な盟旗制度に組み込まれた。ただし、内属旗のようにジャサクにではなく官僚にしたがう旗もあり、また、八旗満洲、八旗蒙古に編入され旗人として清朝の中に位置を見出す者もあったことは見落とされてはならない（村上 2007）。モンゴル王侯の清朝への帰属は、モンゴルとマンジュの通婚、官爵授与、交易権の付与だけでなく、地界の画定、戸口の分給・編成などによって実効あるものとされた。「地界の画定は游牧地即ち領土の安堵と、これを細分して強大に向うのを防ぐと共に游牧民の移動的な活動性を限定する効果を狙ったものであり、首長に対する戸口の分給編成によって、五十家を一牛彔《ニル》とする旗制の軍事組織を確立しようとしたものである」とされる（田山 1954）。

意識されることは少ないのだが、漠南においては、乾隆43（1778）年以降、盟旗制に併行する形で、漢地と同じく府州県制が整備されていく

(山西省の出先機関である直隷庁はすでに雍正初年から設置されていた)。府州県が管轄したのは、漢人を中心とする移住者（寄籍）たちに関わる民政である。その管轄人口はジョソト盟の承徳府6州県だけでも、道光7（1827）年で78万人強である。漢南全体について合算すると盟旗に属するモンゴルの推定人口125〜130万人をはるかに超えるものとなる(張 1998)。この人口比率は、直接ではないにせよ生業のあり方、土地利用の仕方に影響をおよぼす。

統治機構が二元化されるにいたった背景には、漢人招致の潮流が強まり、制度的にもその反映が必要となったことがある。

大清国がマンジュの地だけでなく、漢南とメインランド・チャイナにまで支配領域を広めた当初の順治12（1655）年、「長城内側の荒蕪地については兵が耕作することを認めるが、長城の外に往き牧地を開墾してはならない」とする命令が下された。禁令が出されるということは、そうした実態がすでにあったことを示す。モンゴルと漢人の隔離を基底とする漢人の入植禁止政策は、他の文化施策ともども清朝の基本方針として19世紀末まで表面上堅持される。ただし、打ち出された政策がどれだけ厳格に実行されるかは、時期ごとの事情で異なる（以下、田山 1954、王 2000)。

康熙・雍正年間（1662—1735年)、ジョソト盟（とくにハラチン各旗)、ジョーオダ盟南部やチャハル、帰化城といった長城線に近い地域には万人単位の漢人が流入したものとされる。方志や民国時期の調査によると、漢南東部へは多くは山東から、西部へは直隷・山西などから移民してきた。かれらは、あるいは交易に従事し、あるいは耕作に従事した。耕作といっても、自ままに荒蕪地を開墾していたわけではない。むしろ、王侯への賦税として、あるいは、糧食として穀物を必要とするモンゴルの側から招へいされ、土地を貸借し墾植したのである。康熙帝もこの事実を容認し、京師において穀物が安価に購入できるのは漢南で生産されたコーリャンやアワに依っていることを明言する。農業移民とその開墾・耕作作業に影響されてか、牧地面積の減少のためか、この時期、漢南の一部に遊牧を脱して農業に従事するモンゴルが出現したという。農業技術の伝播の裏には、モンゴルと漢人の通婚といった現象もあっただろう。

この時期、具体的には康熙８（1669）年から乾隆初期、制度的には漢人の漢南への入植は制限された。たとえば、康熙年間にハラチン３旗が、漢人に耕作させることを許可されんことを求めたとき、戸部において毎年800枚の許可証を出し、入植者に携行させるようにした。これは定住を認めたものではなく、同証は毎年交換せねばならない、つまり、農期が終われば帰郷することが想定されていた。しかし、このことを記した『大清会典則例』は、規定が具文となっていることを明言する。チャハルなどの地方においても同様の措置がとられたが、漢人の漢南への流入、そして、定着はやむことがなかった。制度から逸脱した入植も黙認されたのである。この結果、乾隆初期にいたるまでに、ジョソト盟ハラチン右旗、ジョーオダ盟オーハン、ナイマン、オグニュド、ヒシグテンなどの旗では、モンゴルが土地を典売して開墾が行われ、一部の旗では、半農半牧地域があらわれたとされる。

乾隆13（1748）年から光緒28（1902）年までは、規定上、より厳格な入植禁止策がとられた。その第一弾が漢人への典地回贖と典売の禁止である。典とは、買い戻し特約付き売買であり、使用権の質入れに近い。典の期間は長期にわたることが多く、モンゴルが借金まみれになってしまうと同時に、実質的な土地所有者が漢人となってしまうおそれがあった。不逞のふるまいある漢人は原籍に送還する旨の諭告までもが発せられた。より直接的には、乾隆37（1772）年に漢地の住人がモンゴルの地において開墾することを禁じることが定められている。

この時期、実態はどうであったのか。モンゴル王侯が生活水準を維持するために、そして、漢人が生計を立てるために、移住者は発生しつづけた。結果、災害発生時の避難措置、現状把握にもとづく追認といった限定をしながらも、清朝自身も入植を容認せざるをえなかったのである。そのことを明示するのが、さきにも述べた府州県制による漢人統制の展開であった。ただし、乾隆から嘉慶年間には、モンゴルなどを管轄する理藩院から官員が派遣され、定住者を駆逐することもあったことは忘れられてはならない。モンゴルの遺制を重視する政策と漢人の農商活動に頼らざるをえない実態とのバランスは、ときどきの情勢にもとづき、ゆらぎを見せたのだった。

咸豊・同治年間（19世紀半ば）以降、漠南における農業開発はなし崩し的に進行し、なかでも、漢地に接する一帯は大部分が農業地域か半農半牧地域になったものとされる。光緒28（1902）年、清朝はモンゴルにおける開墾制限策を撤廃し、逆に、入植を全面的に解禁した。同時に官弁で農民招致と開墾事業を行ったのである。この背景には、アヘン戦争後におけるロシア人の極東進出がある。モンゴル高原でのロシア商人の活発な交易活動だけでなく、東清鉄道敷設といったロシアの脅威を目にして、清朝は「植民実辺（植民して辺疆の空隙を埋める）」の策に転じるしかなかった。従来、漢人の入植が進んでいなかった漠南北部や漠北においても現地モンゴルの10分の1におよぶ漢人が数年のうちに招致され、モンゴル高原における耕地はかつてないほどに広がりを見せた。耕地から収穫される雑穀は、華北へともたらされ、とくに漠南は穀倉地帯のひとつとなっていた。もともと耕作が進んでいた前掲のジョーオダ盟オーハン、ナイマン、オグニュド各旗、そして、ジリム盟ホルチン左前旗、ゴルロス前旗などは農業地域へと変容したものとされる。ハラチン３旗などではモンゴルであっても、牧畜業は副業となり、昔日の面影は失われてしまう。同旗は農業開発が進み、開墾可能な土地もほぼ限界に達していた。わずかなりとも統制力をもつ政治中枢を失った漠南では、20世紀前半の漢人招致・開墾事業も、制限なき開放路線のまま進められる。

土地にかかわる権利関係の摩擦、環境ストレスはここに発生する。

アラシャン・オイラト旗における土地利用

土地利用をめぐって存在した具体的な社会問題・環境問題は、内蒙古６盟に関してであれば、多く論じられている。本章では、やや西に目を転じて、套西、とくにアラシャン・オイラト旗についての事例を紹介したい（那彦成 1834：巻59「断定蒙古地界」）。

那彦成は18世紀末から19世紀前半にかけて、西北疆域の官を歴任した満洲八旗を籍とする官僚である。道光３（1823）年、かれが、３回目の陝甘総督に充たっていたときのことだった。前任総督である長齢から引き継いで土地紛争の処理を指揮することになった。

係争の地はオルドスの西、ハルホニトと呼ばれる地域であった。この一帯をめぐっては、すでに乾隆34（1769）年、ウラド旗とアラシャン旗の間で境界争議が起こり、黄河の上流側にあるフフノール（ノールはモンゴル語で湖のこと）の南岸をウラドの牧地とし、北岸をアラシャンの地とすることで決着がつけられている。その約50年後の道光元（1821）年、アラシャンから見れば黄河東岸にいるハンギン旗の貝子ドンドプスレンがアラシャン王マハバラを相手取り、ハルホニト一帯の領有権を認めるよう理藩院に訴えたのである。調査は寧夏神木部と山西帰綏道の両機関によって行われたが、権利の帰属について意見の一致を見ることはなかった。ここに那彦成が道光帝の指示を仰ぎながら事案の処理に乗り出すことになったのであった。

通常であれば、こうした案件は各機関や当事者のもとに残された地界を示す文書や地図にもとづき判断が下される。ハンギンとアラシャンの地界に関しては、すでに雍正11（1733）年と乾隆5（1740）年に下された皇帝の諭旨により、河道の東をハンギン旗領とし、西をアラシャン旗領とすることが決していた。同じ乾隆5年には、七旗総図なる地図が作成されていた。しかし、乾隆44（1779）年、黄河の河道が東に移動したことにともない、根拠とすべき指標が失われてしまったのである。

ハンギン旗はなぜハルホニトを欲したのか。乾隆26（1761）年から、アラシャン旗は同地に農民を招致し耕作させていた。嘉慶20（1815）年時点では、735頃の地が開墾され、銀4000両余りの地租を毎年得るまでになっていた。農地として十分に成熟したハルホニトは、ハンギン旗から見ても魅力ある土地であった。

じつは、ハンギン旗のモンゴルは早くからアラシャン旗にハルホニトの地を賃借し、遊牧をしていた。ときには耕作をすることもあったらしいことが資料の文面からうかがえる。さらに、同地にアラシャンの招聘で入植してきた農民からは「水草水口銀（おそらく用水使用料）」をとりたてていた。アラシャンは土地の二重貸しをしていたことになる。ハンギンはみずからの利益を生まないのであれば、農民の入植を歓迎しなかったであろう。事実、初期においては農民の駆逐をアラシャン旗に要求しているし、水草銀の滞納が発生すると、灌漑水路の取水口を閉鎖するなど強硬手段におよんでいる。こうした中での領有確認訴訟であった。

しかし､いかんせん､ハンギン旗の提示した証拠は証明力にとぼしかった。旧河道があったはずの場所に何の痕跡もなく、契約文書によって権利関係が逆証されるなどして、敗訴したのである。基準とすべき河道も現在の流路によるものとし、境界線はアラシャンに有利に設定されることとなった。

紛争のもととなったこの入植地、耕作をつづけるには、必ずしも理想的な場所ではなかった。旧河道の周囲にあるわずかばかりの場所を除けば、いわゆる砂漠にひとしく、気を抜くとたちまち砂に覆われ、場所を移して耕作しなければならない。河道そのものも湿地化している。牧地とのせめぎ合いもある。その上に地租を納め、かつ、灌漑用水の使用料を支払わなければならない。にもかかわらず、耕作は継続され、モンゴル王公の収入源としても重要な位置を占めたのである。漢地に接する漠南のモンゴルたちは、定住化の傾向を強く示し、漢人による農業に依存しなければ生活を維持することができなくなっていた。

境界領域としての内モンゴル

砂漠にひとしい土地が多かったことは套西にかぎらない。草原の常にもれず、漠南は東西にわたり乾燥地が多い。もともと砂漠にかこまれた地域もあったであろうし、耕作が地力を使い果たすかたちで砂に埋もれていった土地もあったであろう（姚 1908、竹村 1941)。

にもかかわらず、光緒年間から漠南の地における開墾事業は強力に推し進められる方向にあった。督辦蒙旗墾務大臣であった満洲鑲黄旗人貽穀は墾務局を設立し、汚職事件で頓挫するが、官弁で「植民実辺」を行おうとした。問題は、その方針である。牧畜には適しているが、農耕には不向きな土地は牧地のままにする以外は、開墾に充てるようにするというのである。土地に関する権利関係は、官地や王公領などもからみ一筋縄に整理することはできない（貽穀『準噶爾墾務奏稿』）。王公たちも自主的に招墾するのであれば利益を得ることができようが、官弁では必ずしもうまい汁を吸うことはできない。実際には密かに開墾事業を行っているにもかかわらず、王公たちは代々その地で遊牧してきたことや、自領を経営するだけで精一杯で会議を行う余裕がないことを理由として漠南で一致した結論を出すにはいたらなかった（前掲書）。

墾務について議論の中心となっていたのは、清朝官僚のなかでも、あるいは漢人であり、あるいは満洲旗人であった。列強、とくにロシアと日本への対抗という急務からすれば、そこに遊牧への配慮がさほど入らなかったのはやむを得ないことかもしれない。姚錫光は、「開墾事業は一見モンゴルから主要な生業である牧畜を奪うことになるが、将来的には国家的観点からも利益をもたらす」むね、端的に述べている（姚 1908）。財政的に見ると、漠南からあがってくるのは、①地租、②アヘン税、③塩の専売利益くらいのもので、牧畜の寄与は少なかった。かれらから牧畜への肯定的意見が得られるとは期待できない（前掲書）。

急激に拡大した墾務の結果について、的確に評価する材料をわたしは持っていない。民国年間の数字を参考にあげると、チャハル省では民国20（1931）年時点で、口外6県（張北、多倫、商都、沽源、宝昌、康保）で開放された土地のうち、4万9000頃が開墾され、5万頃がなお未開である。盟旗地域まで含めれば、268万9000余頃が耕作可能であるとされる。ここに牧畜可能な土地の面積は示されていない（李 1933）。これらの未開墾地に含まれる荒地は草地であるかもしれないが、すべて牧地であるとは断言できない。少なくとも口外6県における耕作地の比率は相当に高いといわねばなるまい。漠南のなかでも、漢地に近い地域の多くはこうした傾向を持っていたことが推定される。

一方、漢地からはなれた外モンゴル寄りの地域、とくに漠南北東部では、民国・満洲国の時期になっても遊牧がモンゴルたちにとって主体となる生業でありつづけた。漢人の入植も大規模には進まず、農耕が営まれることがあったとしても、粗放なものだったようである（竹村 1941）。

漢人の大規模な入植を受け入れながらも、漠南はモンゴル高原南部の広域な辺縁地帯として、遊牧主体の世界と農耕主体の世界の境界領域でありつづけた。国境が設定され、居住者の意識と物資の行き先が南に向けられるいまでも、その意義に変わりはなかろう。農牧業の関係は南北にグラデーションを描きながら変化している。

現在、そして、将来の問題として、漠南の生業形態を考えようとするとき、さらには、モンゴル高原全体の生業のあり方を考えようとするとき、牧業だけでなく、農業についても配慮しなければならないことは、これまで述べてきたことから明らかであろう。入植してきた人びとだけでなく、モンゴルたちの生活水準を維持するためにも、農耕は必要であったし、これからもそうでありつづけるはずである。しかし、過度の農耕地拡大によって地力が使い果たされ、砂漠化の一因となってきたことに目を背けてはならない。自然利用についての現代的視点をふくめて、漠南の土地利用を決するためには、なにが自分たちの生活と土地の自然に最適な利用方法であるのかを考え直す必要があろう。そのときには、漠南が境界領域であった理由も、この問題を考えるヒントとなるのかもしれない。

〔付記〕

本来、中国第一歴史档案館等編『清内閣蒙古堂档』(内蒙古人民出版社2005)、陳志明主編『土默特歴史档案集粹』(内蒙古人民出版社2007)などモンゴル語史料を用いるべきところだが、筆者のモンゴル語読解速度と能力の関係上、断念せざるをえなかった。多言語の一次資料にもとづく、より多角的な分析は今後を期したい。

(加藤雄三)

5　社会主義から民主化へ

自給自足の社会だったか？

ここでは、現在のモンゴル国に相当する地域が20世紀に経験した２つの社会的大変革、すなわち社会主義化と民主化が、モンゴル草原世界にどのような影響を与えていったか、その変化の足跡を検討することを目的とする。ただし、具体的な検討に入る前に、モンゴル草原世界をどういった存在として理解するか、という基本的な視角について確認しておく必要があるだろう。

モンゴルの人びとは、草原で、草原とともに生きてきた。それは間違いのないことであるし、現在においても基本的に変わりのないことである。だがそれは決して、草原で自給自足を行っていたことを意味しない。また、物質獲得の方法も、移動牧畜（いわゆる遊牧）に限定されるわけではない。さらに、こうした状況は決してここ数十年間、つまり近代化のプロセスの中で発生したわけでもない。

たとえば、本章で扱う変化の直接的なきっかけとなった1921年のモンゴル人民革命以前、モンゴル草原世界の地域社会レベルでは、その多くの地域が旗（ホショー）や寺領といった、聖俗の小規模封建領主がそれぞれ内政権を行使しうる統治システムであった(6)。このモンゴル草原世界の統治層は、遅くとも19世紀までには、中国の貿易商に借金を負うに至っ

(6) 厳密には、清朝時代には皇帝の代官（アンバン）が統治責任を負う地域も存在した。

ていた。彼らは絹の着物を着用し、陶器の器を使用し、中国産のタバコや茶を嗜み、その対価として家畜や畜産物を充当したのである。こうした状況を文化人類学者のD. スニースは、彼らが「商人への借金を媒介として中国市場を指向していた」(スニース 1999) と表現しているが、まさにそれは、前近代のモンゴル草原世界がすでに、自給自足ではなかったことを示している。

しかしこのデータだけでは、一般民衆レベルではやはり自給自足的ではなかったのか、という疑念を払拭できないかもしれない。そこで、より当時の同時代的な記録である1919年刊行の『蒙古地誌』に注目しよう。すると、その一節には「茶は、蒙古人貴賤を問はず、一般を通じ、日常欠くべからざる必要品に属し(中略)其飲用は一日数回に亘り…」(柏原・濱田 1919)とあり、現在の牧民にとっても必要不可欠な食品である茶が、20世紀初期にもすでに広く民衆レベルで日常的に飲用されていたことがわかる。低温乾燥なモンゴル草原世界では茶を自給することは不可能なので、茶を日常の食生活に組み込むかぎり、モンゴル草原世界の牧民は自給自足ではありえない。さらに、革命前のモンゴル草原地域には、寺院や王府の付近など草原の要地に店舗を構えていた「坐荘」と呼ばれる華北出身の漢人商人が存在し、茶、タバコ、マッチ、石鹸、ろうそく、木椀などを物々交換で商っていたという (後藤 1968)。もちろん、こうした日用品はことごとく、モンゴル草原世界の外部から持ち込まれた物資であった。

比較対象としての人民革命以前

冒頭で述べたように、本章は1921年の社会主義革命を直接的な契機とする社会主義化と、1991年のソ連崩壊を契機に発生した民主化によって、モンゴル草原世界にもたらされた変化、より具体的には草原の利用目的、利用主体、利用方法について検討する。

だが変化を語るためには、比較対象として「それ以前の状態」を確認しておく必要があろう。20世紀初期のモンゴル草原世界に住む牧民の非自給性についてはすでに指摘した通りだが、さらに引き続き現地の人民革命以前の状態について、上でも言及したスニースの研究を手がかりとして、とくに物資獲得手段すなわち草原の利用方法を中心として確認していく。

なお、スニースの研究は1930年代前半にロシアの民族誌学者 A. D. シムコフがモンゴル各地で行った調査データを批判的に検討し、再理論化を行ったものである。ここでの元データとなるシムコフの調査は、彼が1935年にバヤンズルフ・オール旗（当時）[(7)]のうち、革命前に「エルデネ・バンディッダ・ホトクトのシャビ領」（モンゴル科学アカデミー歴史研究所 1988a、図32）、つまりチベット仏教の活仏が統治していた寺領を対象として行ったものである（スニース 1999）（図31）。

当時、現地の土地利用の状況は、その地名と同様、寺領であったころの名残を多くとどめていた。かつて、寺院は牧畜と農業を経営していた。1921年の人民革命以前、旗人口の70％が寺の家畜を放牧しており[(8)]、畜種ごとに、いくつかの専門的牧民グループに分けられていたという。そして、寺から任命された役人が彼らの移動を管理し、牧地と仕事を割り当てた。牧民世帯は、毎年寺から割り当てられた分量の畜産品を役人に納

(7) 1925年から1931年まで存在したバヤンズルフ・オール旗には、旧「エルデネ・バンディッダ・ホトクトのシャビ領」のほか、西北に隣接する旧「ダイチン・ワン旗」の領域も含まれていた（モンゴル科学アカデミー歴史研究所 1988a、図32）。

(8) 1918年の数値で、旗の総人口は8722人であった（ソノムダグワ 1998）。

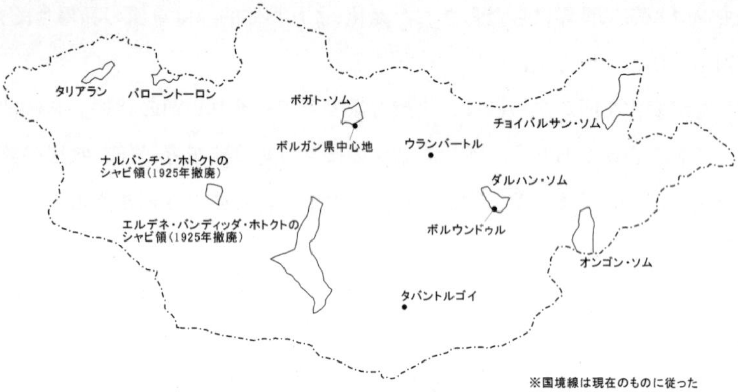

図 31 本章で言及する主な地名

め、超過分は手元に残すことが許された。

一方貧困世帯は、裕福な世帯や寺の家畜を放牧している人びとの労働を手伝う見返りに、畜産品を得ていた。裕福な人びとは寺の家畜は放牧しないのが普通だったが、しばしば寺の小麦畑の耕作を命じられることがあり、その際には貧困者を雇用したという（スニース 1999)。なお、寺が閉鎖されたのは1929年であるが、その後の耕地の利用状況に関しては言及がなされていない。ただし、筆者が2003年にゴビ・アルタイ県で現地調査を行った際、旧ナルバンチン・ホトクトのシャビ領時代より耕作が続けられているという大麦畑（面積45 ha：調査当時）を実見したことがある。GPS 計測による寺との位置関係や周囲の状況から類推して、これは1949年にアメリカへ移住した旧ナルバンチン寺領の活仏ディルブ・ホトクトが1950年に描いた地図に示されている耕地と同一のものと思われる（ブリーランド 1953)。そのため、エルデネ・バンディッダ・ホトクトのシャビ領など、他の寺領などで人民革命以前に存在した耕作

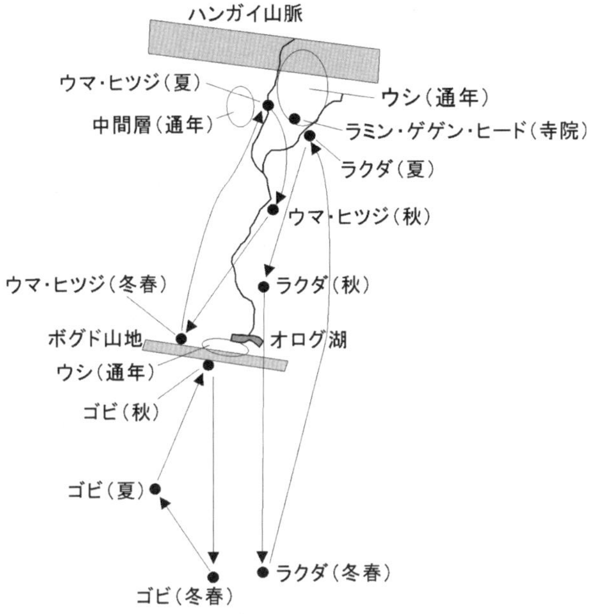

※季節営地の地点は一部省略してある

図 32　エルデネ・バンディッダ・ホトクトのシャビ領

地が、その後も何らかの形で継続的に使用されていた可能性は十分に想定しうるだろう。

ところで、シムコフおよびスニースが最も着目したのは、牧畜における季節移動のパターンであった。その概要は以下のようになる（図32）。

まず、寺の家畜を預かるラクダ専門グループは、南のゴビにある冬営地から、寺に近い[(9)]ハンガイ山脈の夏営地まで、最も長距離を移動してい

(9)　寺は寺領北部のハンガイ地域、現在の行政区分でいえばエルデネツォクト・ソム領域内、バヤンホンゴル県中心地からは北東へ約30 km 離れた地点にあった（リンチェン 1979）。

た。次に長距離の年間移動を行っていたのは寺の家畜を預かるウマとヒツジの専門グループであり、「ヌーデグ（移動する）」と呼ばれていた通り、年間200 km もの移動を行っていた。一方、専門グループでもウシの担当はハンガイ山脈地域か、ボグド山地近辺に１年中いた（スニース 1999）。

それに対し、寺の家畜を多く放牧しない世帯では、長距離移動と短距離移動が混在していた。たとえば「ゴビ」と呼ばれた人びとは１年中ボグド山地の南を移動しており、比較的長距離であった。一方「中間層」と呼ばれた人びとは寺の近くのハンガイ山麓を通年移動していた。さらに寺の閉鎖後、多くの牧民は短距離移動しかせず、たとえばオログ湖など、１年中１つの地域で過ごすようになっていったという。またこうした変化傾向を捉えてシムコフは、封建関係の撤廃が移動距離の短縮をもたらすと結論した（スニース 1999）。

しかしスニースは、シムコフの説明では、一時的に同じ草地を共有する隣人たちが、一方は年200 km 移動し、他方は20 km しか移動せず、しかもいずれもが、自らの移動システムがベストであると考えていた点を合理的に説明できないと指摘する。もとより、かつて寺院も長距離移動が望ましいと考えていたからこそ、家畜を委託した専門グループには長距離移動をさせたはずであるし、現地の季節移動状況は周辺地域とくらべても例外的ではなかったという。

そこで彼は、利益中心的（あるいは専門家的）モードと生業的モードを両極とする、幅のある牧民の生産活動像を提唱する。前者は貴族、宗教施設、地方政府、そして豊かな平民などによる大規模家畜所有を基盤にしており、その特徴は大規模群の専門家的牧畜であり、ときには単一家畜群を構成するという。また目的論的には、財産としての家畜群から最大の利益を得るための草原利用形態である。長距離移動による広範囲の土地利用は、より生存率の高い家畜を牧民にもたらすが、他方それは広範囲な土地へのアクセスを許す政治的組織と、移動手段が必要であり、また牧民の生活様式から見れば大規模群を頻繁に移動させるがゆえに労働集約的な牧畜の形態となる。

一方の生業的モードは、家庭内の需要を満たすことを指向する。これは各種家畜を少数ずつ所有し放牧する世帯に特徴的な様式であり、ヒツジとヤギは肉と冬の衣類、ウシは乳、ウマは乗用でラクダは運搬と、それぞれ異なった目的のために活用される。むろん、すべての世帯は労働力再生産のために多かれ少なかれ生業的生産に携わっており、また外部からの物資の購入のためには家畜売却などで得られる利益も完全には無視し得ない。しかし、大規模牧畜に携わらない人びとはより生業的モードを指向し、草がなくなった場合など不可避的な場合にかぎり移動を行う傾向があったという（スニース 1999）。これは、草原の利用主体としての牧民個人の立場としては、労働投下に対する生産性を向上させようとする活動として理解することができよう。

つまり1921年の人民革命以前、モンゴル草原世界には封建領主を中心とする大規模家畜所有組織と、小規模家畜所有者という２種類の利用主体が存在し、両者が異なった利用目的を追求していたといえるだろう。すなわち前者は、自らの支出の多さゆえの最大利益の追求であり、後者はより生業的な需要の充足である。そして広域的な土地利用の可能な前者は長距離移動を伴う大規模牧畜と、可能性に応じていくばくかの農耕を組み合わせ、後者は可能な限り最低限の移動で済ませる牧畜という、異なった利用方法が混在する状況にあったといえよう。この両者の比率については、絶対的数値を挙げることは現状としては困難であるが、後で見るように、少なくとも変化は、相対的な比率の変動として明確に認識できる形で確実に進行していくのである。

社会主義化に伴う変化

本章で念頭においている社会主義化とは、広い意味では1921年のモンゴル人民革命から1992年の集団化体制の崩壊までに発生した一連の変化を指すが、その中にはいくつかの画期がある。モンゴル草原世界で、最大のイベントは1950年代の後半に急速に進行する集団化（ネグデル［農牧業協同組合］化）であろう。これが現在、少なくとも牧畜経営に関するかぎり、われわれが社会主義のステレオタイプ的イメージとして想起する姿であるが、それは実際には社会主義時代約70年間の後半にしか実施されていなかったことになる。

もちろん、例外は存在する。1929～31年の時期、モンゴル人民共和国（当時）では急進的な政策が取られ、封建領主からの財産を没収すると同時に、細分化した小規模な牧民経営の集団化が試みられた。しかし1931年末までに、半ば強制的にコルホーズを全国に752カ所建設し、しかも定住化までさせようとする試みは、あまりに性急かつ教条主義的であったがゆえ、1932年には全国各地で反乱が勃発し頓挫するに至る（モンゴル科学アカデミー歴史研究所 1988a）。

結局のところ、こうした騒動を経て、モンゴル草原世界は牧畜面に関するかぎり、1950年代末まで、その利用主体は小規模な牧民経営が多数派を占めることになった。ただし、この1930年前後の試みが、完全に水泡に帰したかというともちろん否である。封建領主層の弱体化に伴う大家畜所有者の没落はすでに指摘したとおりだが、その他に漢人商人を中心とする外国資本が1930年までにほぼ完全に排除されたほか、1931年には現在に至るまで地方行政の基本単位となるソム（324：当時）が、従来の旗（72：当時）を分割・再編する形で設置されている（モンゴル科学アカデミー歴史研究所 1988a）。そして、これら一連の出来事は、社会主義化に伴うモンゴル草原世界の変化を引き起こす第一のインパクトであったといえる。

これらのうち、大家畜所有者の没落と外国資本の排除、小規模牧民経営の多数派化に関連する事項として、スニースはすべての家畜種、とくにヒツジにおける数の顕著な増加を指摘する。たしかに、1924年から1930年までの間にヒツジは倍増し、1930年の家畜総頭数は2368万頭と、1980年代に匹敵する水準にまで達している。この原因として彼は、大規模家畜所有者の家畜が牧民世帯に再分配される過程で牧畜経済における生業指向が高まった結果、輸出が減少し牧民たちの飼養する群れの規模が年々増加したのだろうと推測している。またその傍証として、革命前の19世紀後半から20世紀初頭にかけ、現在のモンゴル国に相当する地域全体で年々、総家畜頭数の約５％を輸出に回していたという試算を示す（スニース 1999、モンゴル国家統計局 1996）。

つまり、1930年代の一連の社会変化は、モンゴル草原世界における利用目的を、こと牧畜に関するかぎり、生業指向へシフトさせたといえよう。また行政区画の細分化も、生業指向の高まりとともに長距離移動へのモチベーションを失いつつあった牧畜社会の状況とは矛盾の少ないものであったと想像される。もちろん、政権側の究極的意図はマルクス主義的社会発展観にもとづいた定住化や集団化であって、現場の牧民の当時のライフモデルとは異なっていた。そのため、実現不可能な事項は1932年の反乱でとりあえず棚上げされ、行政単位の変更という比較的穏やかな「封建色の一掃」のみが、その後の変化の伏線として定着するにとどまったといえよう。

もう一つ、この時期からの草原利用方法の変化の一端として、国営農場の設立による農地拡大が開始された点が指摘できる。これはソ連から導入したコンバインなど近代的な機械を利用したものであり、技術的には従来型の農業生産とはかなりの断絶がある。しかし、たとえば1939年段階の代表的な国営農場として挙げられている5カ所のうち（モンゴル科学アカデミー歴史研究所 1988a）、バローントーロンおよびタリアラン（いずれもオブス県）については、筆者が2005年に現地で聞き取り調査を行う機会があったが、少なくともタリアランについては人民革命以前からの農耕の存在が確認できた。というのも、タリアランの国営農場(10)のすぐ近くにはモンゴル国の少数民族であるホトン族の集落があり、彼らは300年前の来住時より農業に従事してきたという。つまり、少なくとも初期の国営農場に関するかぎり、既存の農地をベースに農場が設立されたという推測が成り立つ。

むろん、社会主義時代末期には山から水路を引き、スプリンクラーで2000 ha を灌漑したというタリアランや、4万 ha の小麦畑を擁したというバローントーロンの状況は、社会主義の70年間に整備されてきた結果であることは疑いない。だが、社会主義政権が行ったのはモンゴル草原世界における農耕そのものの開始ではなく、大型機械を利用した大規模農耕の開始であり、そこで利用された農地の一部は、確実に人民革命以前にルーツをたどりうるものであった。その上で、その量的拡大がいかなるものであったか、先取りになるが民主化以降のデータも含め耕地面積と牧地面積の変遷を図33のグラフに示しておく。

(10) 社会主義時代末期の正式名称はハルヒラー国営農場であった。

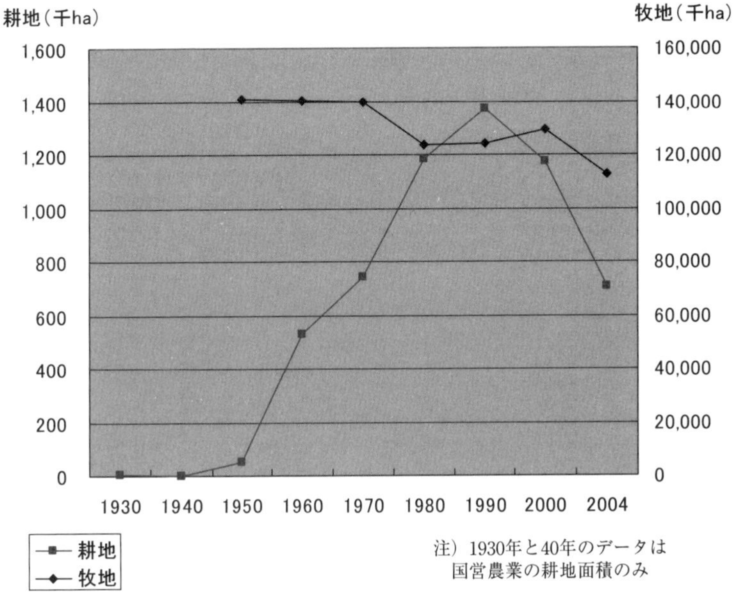

図33　耕地面積と牧地面積の変遷（1930～2004年）
（国立統計局2003、2005、国家統計局1996、モンゴル科学アカデミー歴史研究所1988a より作成）

図33を見て明らかなことは、耕地面積が1960年になると激増している点である。つまり、牧畜における集団化と農耕地の拡大が同時並行的現象であったことである。これは1947年に開始する第１次５カ年計画、つまりソ連を盟主とする社会主義陣営の中で、自らの役割に応じて各種経済目標を設定し、それをクリアしていくという開発モデルの導入がきっかけとなる。なおモンゴルに与えられた役割は、農牧業産品を各国に供給することであった。その中で国営農場は、第１次５カ年計画（1947～1952）では目標値を超過する伸びを見せ、３カ年計画（1958～1960）で

は未耕地を開拓することで大幅な面積拡大を行った。

しかし一方で、牧畜は第1次5カ年計画からつまずきを見せた。家畜数2200万頭を3200万頭に増加させる計画は完全に失敗し、そこから目標達成のためには牧畜の集団化が必要であるという目標が設定され、牧民のネグデルへの編成が実行されてく。この集団化は、1959年の第1四半期に組織率が全牧民の97.7%に達し、同年に集団化が達成されたとされる（モンゴル科学アカデミー歴史研究所 1988b、安田 1996）。そしてこの集団化が、モンゴル草原世界に対する社会主義化の第二のインパクトとなる。これは農牧業全体の文脈において、草原の利用目的・主体・方法のいずれもが転換した契機であったといえるだろう。

しかし、この集団化にも2種類の含意がありえた。政策立案側としては、集団化が社会主義化のメルクマールそのものであるから、集団化は不可避のプロセスである。しかし、現実の牧畜社会の集団化において援用されたテクノロジーは、皮肉にも人民革命前、漢人商人への借金を抱えた封建領主たちが用いたテクノロジーと奇妙な一致を見せる。ネグデルはかつての封建領主や寺院と同様、移動を管理し、単一種の群れを作り、牧地を割り当てた。しかもその組織率の高さにおいて、利益中心的モードがすべての牧民と大半の家畜を含むほどに極大化したのである。スニースは、ネグデルが成員の移動を管理し、強化した点を指摘し、家畜の移動性は高まったと述べている。またその結果、1980年代半ばには革命前に匹敵する総家畜頭数の4.7%を輸出していたと推計している（スニース 1999）。

もちろん、ネグデルの牧畜形態は単純な過去の復元ないしは強化ではなかった。たとえば、ネグデル時代の季節移動の範囲は、基本的にソムの下部単位であるバグのエリア内に限定されていた。通常、ソムは2～

5程度の牧民バグ(11)を含んでいるので、移動の頻度はともかく、距離に関してはかなり小規模であったといえよう。

また、社会主義化のインパクトはこの2つに止まらなかった。第三のインパクトは、1970年に始まる第5次5カ年計画に端を発する、モンゴルの工業化政策の比重を鉱業重視へと転換させる政策であった。そして1973年にエルデネト（現オルホン県）で銅・モリブデン鉱の採掘・選鉱が開始されるに及んで、現在に連なるモンゴルの鉱業立国化が開始されることになる（安田 1996）。また、この事実は上述のグラフにおいて、1980年に牧地と農地の合計面積が大幅に減少しているという事実とも符合する可能性がある。国土総面積が増減したわけではない以上、その一因として農牧地の鉱業用地への転化が推測される。このインパクトもまた、草原の利用方法という面においては大きな転換期を形成したといえよう。

民主化に伴う変化と今後のモンゴル草原世界

1991年末に発生したソ連崩壊は、上述のように政治・経済的にソ連に追従していたモンゴルの草原世界にも、即座に大きな影響を与えた。すなわち民主化の開始である。

そこではまず、1992年にネグデルと国営農場の解体が実施された。解体は、両者の資産を個人に分配することと、経済活動における指導体制の消滅であった。牧民にとって意味ある資産分配は、家畜および冬営地などに設置されている家畜囲いであった。一方、牧地は現在まで分配の対象とはなっていない(12)。また、行政区画そのものについても、ネグデル

(11) バグには牧民バグのほかに、ソム中心地や鉱山街の定住民から構成されるバグもある。ただし牧地を有するのは牧民バグに限られる（尾崎 2006）。

や国営農場がふたたびソムと呼ばれるようになっただけにすぎず、その意味では1931年の枠組みが基本的には維持されているといえよう。

また指導体制の消滅は、牧民に家畜の移動および処分に関する自由化をもたらした。そもそも集団化の目的がより多くの農牧産品を、ソ連をはじめとする社会主義陣営への輸出に回すというものであったため、ソ連崩壊は直接的に目的の消失を意味したのである。また、農牧産品を輸出する見返りに石油や機械などを入手するという貿易形態も不可能となり、結果的にモンゴル国内の流通体系は大きく阻害されるに至った。

つまり、牧民たちは民主化を契機に、自分の持ちたい家畜を好きなだけ持て、自由に移動できるようになった。しかし同時に既存の流通機構からも「自由」、すなわち農牧産品をノルマ達成のために大量に生産し、国家へ供出する必要もなくなったが、同時に農牧産品を移出するための回路もなくなり、また外部の物資は購入したくともやってこない、という状況に陥ったのである。

こうした状況に対応する結果として、少数の世帯から構成される牧民集団「ホトアイル」を単位とする、生業的モードに近い牧畜が1990年代を通じて展開されることになった。ただし、筆者が1990年代末に、中国国境に隣接するスフバートル県オンゴン・ソムで現地調査したデータに照らすかぎり、ホトアイルの構成原理や季節移動の範囲およびパターンについては、基本的にネグデル時代の牧畜にそのモデルを見出すことが可能であった。たとえば、ネグデル時代にも大規模移動を行っていたバグの牧民は移動性が高く、逆にかつてより移動性が高くなかったバグの

---

(12) 2007年初めころより、牧地の私的占有を可能にする法律が国会に上程されるという話題はしばしばメディア上でも取り上げられるが、本稿の執筆時点（2008年6月）において、成立する見通しは立っていない。

牧民は、裕福な牧民の代名詞である「1000頭牧民」であっても移動性は低かった（尾崎 2003）。

その結果、国家レベルの家畜頭数は増加に転じ、1999年に3357万頭に達する。結局この未曾有の家畜頭数は、2000年に始まる全国規模のゾド（寒雪害）により2002年には1989年と同水準まで激減する。また、これにより家畜つまり生活基盤を失った牧民を中心に、ウランバートルなど都市部への人口流入が加速することになる。

その後、モンゴル国全体の家畜頭数はふたたび増加傾向を示し、2006年の統計では、1999年の水準を超える3472万頭に達している。それでは、モンゴルの牧民は現在もなお1990年代と同様の生業的モードかといえば、それもまた正しくはない。現在、モンゴル国内の流通状況の改善により、草原世界で購入可能な物資は確実に増加しているし、またその対価としての家畜・畜産品の売却は1990年代と比較すれば圧倒的に容易になっている。

ただし、それは流通経路となる道路や市場となる都市的空間へのアクセス如何によって状況が異なる。そのため、一部の牧民は大きな道路沿いや都市の郊外で放牧することを望み、そうした場所には退職や失業などの理由で都市から移住してくる「転職組」牧民も多い。また、とくに都市郊外は病院や学校などへのアクセスもよく、その点でも望ましい住地である。つまり、従来のモデルでは単純に説明しきれない利益追求状況が発生しつつある。

筆者は2007年よりボルガン県中心地から15 km ほど離れたボガト・ソムの南端で現地調査を3回実施しているが、そこはまさに都市郊外かつ幹線道路沿いに位置している。現地には15ほどのホトアイルが集中しているが、彼らはほぼ例外なく民主化後、しかも1990年代の後半以降に移住してきた外来者であった。また現地はネグデル時代には、季節的に利用されるだけの周縁的な牧地であったというが、現在は約4000頭の家畜が主としてエリア内を短距離移動する空間へと変貌している[13]。

こうした牧民社会の「郊外化」と呼びうるプロセスの中で、特定箇所の牧地が過密化・狭小化し、結果として牧地の質が低下する懸念が現実の問題として存在する。事実、筆者の調査地では、地域社会の中心的人物の一人が強力な牧地私有化論者であり、ときにメディアにも登場するので国家レベルでも有名である。ただし彼の主張は冬・春牧地のみの私有化であり、また自身も牧畜労働者を雇い、夏・秋季は同地域の一般的な牧民と比較すると従来型利益中心的モードに近い牧畜技術を採用している。

一方、旧国営農場、つまり農耕地としての草原利用は民主化以後、一貫して凋落傾向にある。その大きな原因は、1950年代末以降に整備された農耕地の多くが大型機械や灌漑設備に依存し、その上収量面などで経済性が高くないため、民主化以後の世帯単位を基本とする経営規模では収益が上げられない点にあると思われる。また、他の原因としては民主化の初期にトラクターやスプリンクラー施設などのインフラを屑鉄として売却した[14]、あるいは農地に対する権利が曖昧なために土地に対する資本投下が躊躇される、などの点も指摘できる。

いずれにせよ民主化以後、複合的な要因により国営農場に由来する農地が、すでに挙げたグラフからも看取されるように大面積で放棄され続

---

(13) 現地の郊外化プロセスおよび実情の詳細については、別稿にて改めて論じる予定である。

(14) 筆者が2003年11月、ドルノド県チョイバルサン・ソムの国境貿易用出入国地点で、輸出待機中の屑鉄の由来について現地の管理人に尋ねた際、このような回答を得た。

けているのが現状であり、また農耕放棄地は容易には牧地として利用できない点も草原利用に関わる問題として指摘しうる。またその一方で、社会主義化の時代を通じて野菜食に親しんだ牧民が、比較的固定性の高い冬営地や春営地の近辺でごく小規模の菜園を耕作する現象も発生しつつある。つまり、生業的モードでの農業生産の普及といえよう。筆者の個人的な経験では、ヘンティ県ダルハン・ソム（2003年７月）やボルガン県ボガト・ソム（2007年８月）でそうした事例を実見しており、他地域でも条件が許せば同様の農耕が行われているものと推測される。

しかし現状、とくに2000年以降において、モンゴル草原世界で最も注目されているトピックは鉱山開発である。現在、農牧業がGDPの約２割を占めるのに対し、鉱業はすでにGDPの約３割、輸出額の６割を占める基幹産業となっている。とくに生産量の伸び率が著しいのは金であり、2005年の生産量は2001年の1.76倍、1997年の2.85倍と急増している。世界的な鉱物資源価格の上昇を背景に、他にも過去５年の間に石炭（ウムヌゴビ県タバントルゴイ）、鉄鉱石（ヘンティ県ボルウンドゥル）などの採掘を続々と開始しており、近年のウランバートルの好景気や、鉱山街への人口流入を下支えしているものと考えられる。

これに対し鈴木は、モンゴル国の全牧地の約６割に鉱物資源の探査権が設定されている点、鉱物の採掘が露天掘りで行われており、とくに現在最も広範囲で採掘されている砂金では河床そのものを掘削するケースが多い点を指摘し、鉱山開発のために牧地や水源が失われる事態に対する懸念を表明している（鈴木 2008）。ただし、現在のような採掘面積の急拡大は2000年以降に本格化する現象のため[(15)]、現状としては詳細な検討を行いうる事例データに乏しく、これ以上の議論は困難である。

本章では、過去の社会主義化や民主化の結果として、今日のモンゴル草原世界の状況が生み出されてくるに至る変化のプロセスを確認してきた。それでは、今後のモンゴル草原世界の展望はどうなるだろう。やはり、ここでも基本的な問題は利益追求モードと生業的モードを、いかなるバランスの上で両立させるか、ではなかろうか。少なくとも近未来的な展望としては、鉱業は利益追求志向以外の何物でもなく、逆に農業に関しては、今後大幅な食料価格の高騰でも発生しない限り、しばらく生業寄りのスタンスを続けていくしかないように思われる。

一方、現在のモンゴル草原世界で生業的モード寄りの牧畜生産を続けていると、数年で猛烈な頭数に達することが1999年や、近年の経験から明らかになりつつある。しかし､単純に頭数が増えることは､かりに個々の牧民レベルにおいてはリスク軽減のための「嬉しい」現象であったとしても、社会システム全体としては将来のゾド、あるいは牧地の環境悪化に起因するカタストロフィーへ接近し続けているだけなのかもしれない。もちろん、肉の輸出は検疫の問題があり簡単ではないが、草原世界トータルとしての家畜密度を減少させるためには考えなければならない課題であろう。ただ、牧民自身がどれだけ家畜を売りたい（あるいは売りたくない）と認識しているか、あるいは家畜から別の財（威信財も含む）への転換可能性の有無によっても、シナリオが変わってくるであろうと考えられる。

また家畜の局所的な集中現象については、じつはわれわれはよくわかっていないのが実情である。移動を重視する立場から見れば、先述した郊外化現象などは言語道断であろう。しかし、当の牧民の側にも合理

(15)「モンゴル人は宝の山の上に住んでいる」という類の言説は1990年代からしばしば新聞などに掲載されていたが、当時は採算性の問題から新規採掘に至るケースは少なかった。

的な事情はあるし、そもそも従来のモデルでは説明のつきにくい事象である。むしろ現在必要なのは、こうした事象を理解するための新しい枠組みを確立した上で、家畜の局所的な集中を伴うライフスタイルは一体「どの程度までなら大丈夫なのか？」を客観的に見極める作業なのではなかろうか。

（尾崎孝宏）

Ⅲ　草原を活かす

ヘンティ県デリゲルハーン郡にて（2009年８月）

1 伝統的遊牧生活の智恵
――ト・ワンの教え――

モンゴル遊牧民と自然環境

古来、はてしない草原で遊牧生活がくり広げられてきたモンゴル高原においても、環境保全問題が、現在の最重要課題の一つとしてクローズアップされている。より具体的に言うと、とくに中国領の内モンゴル(内モンゴル自治区）において近代になってから発生した「草原の砂漠化」という大問題が、今も解決されないままに懸案としてなお拡大し続けているのである。筆者はモンゴル高原の歴史が専門なので、歴史的な視点から常々この問題に注目しており、とりわけ「草原の砂漠化」の原因に最も強い関心を抱いている。

現代内モンゴルにおける環境問題を専門とする研究者たちの最近の研究成果を見てみると（たとえば、奥田 2005・2008a・2008b。また、中国環境問題研究会 2007、小長谷ほか 2005、吉川 1998も参照)、現代の中国政府（さらにはモンゴル国政府も）の大半の人びとがこの砂漠化の原因を、ごく最近まで「無知で野蛮なモンゴル遊牧民」に一方的に押しつけてきたように思われる。また、日本の一般的な大学の新入生とこの話をしていても、彼らのかなりの部分が高校時代に、草原の砂漠化は遊牧民による「過放牧」が主因であると教えられた経験を持っていることがわかる。これは、中国を含む世界各国の政府が野生動物を保護する際に、野生動物減少の原因を「無知で野蛮な狩猟民が野生動物を殺すからだ」と単純に考えて、しばしば狩猟民のみに責任を押しつける傾向があることともよく似ている(16)。すなわち、遊牧民が家畜に草を食べさせすぎることが、草の減少つまり砂漠化の主因であるという単純な考え方である。これらの単純な考えが誤りであることを詳しく指摘しておくことは、もちろん重要な意味を持つ(17)。ただ、この点に関して本格的に論ずることは問題が大きくなりすぎる上に、すでにその一部は、概論ではあるが拙稿（萩原 2009）にて若干検討したこともある。そこでここでは、もう一方の当事者である遊牧民の側から見た意識の方に的をしぼって論を進めたい。

もちろん、歴史的に見てモンゴル遊牧民がどの程度まで環境保全意識を持っていたのかというような問題は、史料不足のゆえに一朝一夕には解決できない。しかしながら、モンゴル高原が古来、頻繁に自然災害（モンゴル語でいうゾド）の発生する過酷な自然環境下にあったことは周知の事実であり、永年にわたってその災害を乗り越えてきた彼らが、災害

(16) 実際には、中国では漢人による密猟の方がより大きな問題である。その背景には、野生動物を好んで食べたり、漢方薬として消費したりする強い国内需要があって密猟者が高値で売りさばくことができるという中国独特の風俗がある。また、最近の中国では野生動物の生存権までが主張されるようになったのに対して、狩猟民の保持してきた狩猟という伝統文化（生業形態）の生存権は一顧だにされていないのが現状である。北川（2008）参照。

(17) もう少し言うと、「砂漠化を防止するには植林が最適だ」とか、「砂漠に水を引いてきて緑の農地を作るべきだ」とか、あるいは「農業は環境保全に役立つ」とかいう日本人や漢人の持つ固定観念がモンゴルのような乾燥地帯ではかなりの危険性をはらんでいるということは、もっと強調されてしかるべきであろう。本当はむしろ、植林がしばしば砂漠化を助長し、水を引いてくる過度の灌漑農業が、しばしば「河川や湖の水量減少・消滅」や「塩害」等環境破壊の元凶となるのである。これらの実例は、いずれも内モンゴルやカザフスタンで容易に目にすることができる。「砂漠の緑化」という単純な発想では、決して問題は解決できない。萩原（2009）、吉川（1998）参照。

を含む自然環境に無関心であって、「無知で野蛮な考えを持っていた」とは、筆者にはとても考えられない。そしてモンゴル高原では災害のかなりの部分が草原環境の悪化という形でも現れるため、災害に対する意識と草原環境に対する意識とでは、当然共通する部分が大きい。したがって、少なくとも自然災害に対処するためのモンゴル遊牧民の伝統的な意識や智恵をある程度抽出することができれば、本章の目的は達成されると考えたい。

そこで、歴史上のモンゴル遊牧民が災害を含む自然環境一般に対して、どの程度の問題関心を持っていて、具体的にどのような災害回避手段を構想していたのかということを問う必要性が出てくる。こういう思想史面とでもいうか、当事者たちの頭の中での思考の問題に関しては、どの地域でも一般に歴史史料が残りにくい傾向にあるが、幸いにも、19世紀の中頃に外モンゴル（ほぼ現在のモンゴル国地域に相当する）東部のトクトフトゥル郡王（1797-1868年）というモンゴル貴族が書き残した『ト・ワンの教え』と呼ばれる遊牧生活に関する教訓書が残っており、かつ筆者自身がすでに詳しい訳注を発表している（萩原 1999）。筆者がこの訳注に着手したころは、環境に関する学会での問題関心が高まる直前のことで、当時の目的としては、歴史文化人類学のような社会史に近い研究を興隆させる意図があった。しかし今考えてみると、災害を乗り越えるための遊牧民の教訓というものは、当時の彼らが持っていた自然災害や草原環境に対する意識を読みとるのにも、また恰好の歴史史料だといえるであろう。そこで本章では、この教訓書から、自然災害に対処するためのモンゴル遊牧民の伝統的な意識や智恵を抽出することを試みたい。

『ト・ワンの教え』

1691年から（内モンゴルは1635年から）1911年まで続いた清朝支配時代のちょうど真ん中ごろに相当する嘉慶２（1797）年、トクトフトゥル郡王は、外モンゴル東部のチェチェン汗部で、チンギス・カンの血筋を引く名門貴族の家系に生まれた。「ト・ワン」とは、「トクトフトゥル郡王（ジュンワン）」という彼の名と称号の内の最初と最後の部分のみをつなげて呼んだ略称である。ちょうど、20世紀の日本支配期に内モンゴルで自治運動を展開した有名なデムチュクドンロプ親王（チンワン）が、徳王（デ・ワン）と略称して呼ばれたのと同じで、モンゴルで最も一般的な王侯名の略し方である。

清朝時代のモンゴルは、盟旗制度と呼ばれる整然たる行政機構の下で、清朝政府によるかなり厳密な支配を受けており（萩原 2006、岡 2007）、トクトフトゥルは道光元（1821）年、24歳の時に、父の死を受けてチェチェン汗部（すなわちヘルレン・バルス・ホト盟）中右旗という行政単位の旗長職と多羅郡王という爵位とを継承した。この旗は、ノモンハン事件で有名なハルハ川と、フルンボイルという地名でも知られるボイル湖に面する広大な旗であった（この旗の場所は、萩原［1999］の地図を参照）。その後彼は、同治７（1868）年に71歳で亡くなるまで、旗内で種々の改革を実施したことがよく知られている。まず宗教面では、旗内にチベット仏教の大寺院を建設して旗内のラマ僧たちを集住させようと試み、盟長職を兼任していた晩年には、ハルハ川の南西岸に盟の寺院と観音菩薩の大仏を建設した。この大仏は、現在でも残っているようである。

そもそもト・ワンがこの教訓書を書くきっかけとなったのは、咸豊元（1851）年夏から翌年の初めにかけて中右旗で発生した深刻な夏の旱魃と冬の寒雪害であった。これによって大量の家畜が死んだため、中右旗は飢餓状態におちいった。避難民が東北隣りの新バルガ・モンゴル人の領域へ入って紛争が起きたほどであった[18]。このとき、ト・ワンは、自旗に割り当てられていた清朝政府からの賦役を削減してもらうとともに、天災で破滅に瀕した旗の財政と牧民の生活を立て直すべく、中右旗内で次々と経済・文化上の大胆な改革を立案・実施していった。その改革の一環として、咸豊3（1853）年3月に彼自身が旗内の牧民向けに執筆したのが、この『ト・ワンの教え』である。おりしもこの当時のモンゴルでは、清朝皇帝をまねてモンゴル人貴族官僚が領内の牧民向けに教訓書を書くことが小さな流行となっていて、その影響を受けた可能性も指摘されている（ナツァクドルジ 1968、岡 1997）。ただ、儒教的、倫理的な教訓や行政上の指示のみならず、むしろ遊牧生活上の教訓が中心となっている点が、『ト・ワンの教え』の持つ顕著な特徴である。

現在、『ト・ワンの教え』の原本は、モンゴル国立図書館に3種類所蔵されており、ナツァクドルジがその中の最良の写本を選んで、1968年に影印出版している。筆者は訳注を作成する際にはこの出版された影印版を利用したのであったが、その後、2002年にモンゴル国立図書館にて原本を詳しく閲覧し、影印版で判読できなかった部分も、現在では大部分が確定できている。

『ト・ワンの教え』の正式名称は上述の写本ごとに少しずつ異なっているが、ナツァクドルジの採用した最良の写本では、『参賛・王[19]の生計を立てることを指示した教え』となっている。「生計を立てる」という表現か

(18)　新バルガ・モンゴル人の領地は、当時は黒竜江将軍の管轄下にあった。現在でいうと、モンゴル国東端のドルノド県（アイマグ）からノモンハン事件の起こった国境地帯を越えて、中国領の内モンゴル自治区フルンボイル市のシンバルガ左右旗方面に避難したことになる。

らもわかるように、遊牧経済の再建がその主たる目的であった。『ト・ワンの教え』は、全部で11条の条文からなっていて、その内容はすでに、ナツァクドルジ（1968）、小貫（1982、1993）でも検討されているものの、難解な部分が少なくない。とくに中国語やサンスクリット語の原語同定が容易ではなく、筆者の訳注の際にも、相当苦労した。その内容全体をここでざっと紹介しておくと、第1条では、岡（1997）でも述べられているように、雍正帝による教育勅語とでもいうべき『聖諭広訓』を引用しつつ、仏教・儒教的な道徳のことを述べている。第2条は、牧民の勤労と倹約について。第3条は、誠実に賦役に努めるべきこと。第4条は、貧民が富民の使用人として生計を立てていくべきこと。第5条は、ふたたび牧民の勤労と倹約。第6条は、子供や妻等家族の問題。第7条は、ラマが清貧を保つべきこと。第8条は、盗人の管理と感化。第9条は、キャラバンで輸送を行う際の注意。そして、圧倒的に長い第10条は、四季に応じた効率的な遊牧の方法。最後の第11条は、遊牧生活の心構えについてである。

このようにざっと紹介しただけで、遊牧生活の智恵以外にも、敬老を初めとする儒教倫理の問題やラマ僧に対する厳格な倫理の要求、牧民の子供たちへの教育観や子女を仏門に入れる際の心構え等々、われわれが知りたくてもなかなか容易には知ることのできない、19世紀の遊牧民が持つ思考形態が読みとれる。『ト・ワンの教え』は、かくも価値ある歴史

---

(19)「参賛」とは外モンゴルの各盟に設けられた4つの官職の内、盟長、副盟長、副将軍に次ぐ第四番目の官職の名である。ト・ワンはこの時、ヘルレン・バルス・ホト盟の参賛職を兼任していたため、「参賛」とはここではト・ワンのことである。同様に、「王」とはここでは郡王の郡を略した称号なので、「参賛・王」でト・ワンのことを指している。

史料なのである。

『ト・ワンの教え』に見る遊牧民の智恵

次に、『ト・ワンの教え』全11条の中から、遊牧生活に直接関係する教えのみを前から順々に抽出して検討してみよう。まず第5条の勤労と倹約を説く部分で、家畜の消費量を減らすために、不要な家畜から順に食べるべきことや、きのこ、野草、果実等をたくさん食べることを勧めている。これは、よく強調されるように、よい家畜を無制限に食べることが財産の減少につながってしまうという、遊牧社会での常識を改めて述べたものである。

第10条に入ると、まず、春の内から早め早めに家畜を太らせておくと災害にも強くなることや、春は羊にアネモネやホンゴルの花[20]、そして樹葉や草の先端を食べさせて井戸の冷たい水を飲ませること、秋は「あかざ」が赤くなるころに広い谷へ移動してよく水を飲ませること、子供を出産する時期以外は、頻繁に移動すればするほど家畜が新しい土地をめずらしがってよく草を食べて太ること、冬は雪の少ない場所で、青みの残った「にがよもぎ」や「めあかんふすま」等を食べさせてソーダ塩も食べさせること等々を、季節別に細かく指示している。

次いで、ゾドの前兆として、まだ暑いはずの秋のころから冷たい雨や雪が大量に降って、東風が吹くことを挙げている。当然のことながら冬には大量の雪が降って、空に十字形の虹がたくさん太陽のように出る、と述べている。この虹がいったい何のことを指しているのかは不明である。雪のゾドへの対処法としては、最初に降った雪が少なかった場所へ

---

(20) ホンゴルの花というのが具体的にどの花を指すのか、現在の所、なお不明である。ホンゴルとは淡黄色を指す言葉なので、何らかの淡黄色の花であると思われる。

すぐに移動し、突然の大雪でもぐずぐずせずに、薪・火かき棒・ふいご・草刈り鎌等を準備して少しでもよい場所へ移動すること、極端に寒くなっても、朝早く家畜を放牧に出し続けてどこでも到着したその場所で宿営しつつ行けば冬を越せる、と述べている。逆に、秋や冬に赤い土ぼこりの混じった暖かい西風が吹いて降雪がゆっくりしていれば、よい季節の前兆だという。災害に対するある程度の予知方法と具体的な対処法である。

また、春には草原での火災や、湖周辺での吹雪に注意せよと述べている。冷たい風や強い吹雪の際には、家畜が戻ってきやすいように風上方向へ放牧に出し、牧民は毛皮外套の毛を内向けにして着て、雪が服に入らないよう自分の襟・そで・すそを縛っておくこと、ゲル（モンゴル遊牧民のテント）群の風下側に荷車や柵と馬・牛をつないで羊を中に囲んでおけば、吹雪に押されないこと、吹雪が去れば、すぐに家畜の目に付着した氷を取り去り、つないだ家畜のロープをほどいて草を食べさせること、等々を指示している。羊毛は最初、旧暦の５月10日ごろに刈り取り、秋にもう一度刈り取って翌夏の羊毛に混ぜてフェルトを作ること、数え年１歳の子羊や子牛を放牧するときには、寒さ・暑さに注意して暑すぎれば朝夕に放牧すること、羊の交配は春分のころに出産できるように時期を考え、その年に子を産まなかった雌ラクダは、産んだ雌ラクダといっしょにいるようにさせること、等々も述べている。最後に、数え年１歳のラクダや羊を牧養する際の注意と季節別の放牧の注意をもう一度述べている。ここでも、吹雪への詳しい対処法が注目すべき点であろう。

続く第11条は、遊牧民としての心構えである。ここが最も重要なので、少し引用してみよう。カッコ内は引用者による補足、……は引用者による省略である。

一条：天幕（ゲル）の中は家財なく、所有物を軽くして行け。衣服や所有物を鍵のかかったたくさんの有蓋車に入れよ。こうすれば移動の際、手間取らない。犬はたくさんいるのがよい。番犬は（夕方）早めに満腹させるようにして飼え。食事を遅く与えれば、夜眠って（非常事態に）遅れをとる。できれば昼間は、羊を飼う人が連れて行って狼を見張らせよ。水や薪（の良い場所）を選んで（その結果として）家畜の牧地を欠乏させるな。家畜（の牧養）に適していない人を知ろうというなら、その者が外から（ゲルに入って）来るとすぐ、「家畜を見たか？　どこにいる？」と尋ねれば、（適していない人は）全く見ていないものである。……牧民（たる者）は、朝遠近がかすかにやっと見えるぐらい（の離れた所）に出て、自分の天幕を（遠巻きに）一周して四方をよく見、家畜等をよく調べて見、自分の馬を捕らえてつなげ。その間にお茶を煮て用意するために（天幕に）入り、お茶をすばやく飲んで出発し、高い所に出て見よ。自分の家畜を計算して集め、……晩に家畜が戻って来ればすぐ、（人が）飲食物を飲食する間に家畜を見回って観察・計算し、二〇日の月が出た後の頃には、犬を四方に入れ物（犬小屋）に寝かせて戻り、柱などの木を戸口に（もたれかけさせて）置いて天幕に入り、（自分の）帯を解いて空の袖に入れて用心深く眠れ。……夏は戸外の車の上で寝よ。「早く起きれば一つを見、遅く寝れば一つを聞く」という古い言葉は、このことではないか。……

この第11条からは、モンゴル遊牧民が自分の家畜群や周囲の草原に対して、毎日いかに強い注意を払い続けているか、ということがよくわかるであろう。こうでなければ、優秀な遊牧民とは呼べないわけである。とくに、朝早く起きて自分のゲルを遠巻きに一周してみるとか、朝食後に高い所に登って周囲の状況をよく確認するとかいったような教えは、自然災害や草原環境の変化を含む周辺地域への観察を決して怠るなという智恵である。もちろんこの教えの中には、狼や自然災害等の脅威に対する観察の他にも、漢人やロシア人の農民が草原へ勝手に入り込んで農耕や石炭採掘を始めたり（すなわち草原環境の破壊)、モンゴル人の盗人や流れ者が地域内に入り込んできたりするような人為的な脅威に対する観察をも含めているはずである[(21)]。すなわちモンゴル遊牧民は、草原と家畜全般に対する環境管理官のような仕事を、自ら意識することもなく日常的に励行していたのである。

未来に伝えたい遊牧の知恵

以上のような短い検討によっても、モンゴル遊牧民が周囲の自然環境に対していかに繊細な注意を払いつつ、日常の生活を送っていたかがわかっていただけるかと思う。彼らの生活にとって、日々刻々と変化する家畜や草原の状況は、最大の関心事であった。古来このような暮らしを続けてきた遊牧民が、砂漠化をはじめとする草原環境の激変に無関心であるとか、草原環境の保全に無理解・無頓着であるとかいうことは、絶対にあり得ないであろう。本来の遊牧生活を続けようとするならば、こ

(21)　漢人農民による不法な耕作や石炭採掘等の事例に関しては、たとえば、萩原（2006）で紹介したような公文書がたくさん残されている。それらの文書からは、不法流入する漢人農民が環境にまったく注意を払わず一方的に草原を荒らし続けていた事実と、モンゴル遊牧民が彼らの行動に対して特に強い警戒感を持っていたこととが見て取れる。

れら草原環境の悪化は、彼らにとって最大の脅威となるからである。[22]

遊牧民が草原環境にかくも敏感である以上、本章の「モンゴル遊牧民と自然環境」の部分で述べたような、「草原の砂漠化」の原因を「過放牧」のみに求める見解は、かなり疑わしいと言わざるを得ない。萩原（2009）でも述べたように、「過放牧」は、漢人農耕民の大量流入等の理由によって本来の遊牧ができなくなった末にやむを得ず起こった現象であり、「砂漠化」と同様にむしろ「問題の原因」ではなくて「問題の結果」である。[23]したがって「過放牧」を砂漠化の原因と見なして遊牧を禁止する方策は、環境保全の面からいうと逆に危険な要素を含んでいると言えよう。すなわち、中国政府の方針に従って、モンゴル人が広い草原での遊牧を放棄し狭い分配地に押し込められて、定着農耕や定着牧畜に移行せざるを得なくなった現在と将来こそ、永年にわたる「遊牧生活の知恵」を失って、自然環境への細かい配慮をなくしてしまう結果につながる危険性があるのではないだろうか。この危惧は、まだかろうじて草原環境が保たれているモンゴル国地域に関しても同じことがいえるであろうと筆者は考えている。

（萩原　守）

---

(22) それは同様に、狩猟民に関してもいえるであろう。狩猟のみで生計を立てている狩猟民が必要最低限以上に野生動物を殺してしまうなどということは、およそ考えがたい。それをすれば自分で自分の首を絞めることになるということは、彼ら自身が最もよく理解していたはずだからである。

(23) 吉川（1998）110頁の指摘は、この意味できわめて重要な指摘であり、かつ教訓とも言える。それとは対照的に、森・植田・山本（2008）117頁にあるような遠くから傍観しただけのような無責任な記述がよく見受けられるのは誠に残念である。

2　自然災害を知る・防ぐ

モンゴル国における気象災害

モンゴル国では乾燥かつ寒冷というきびしい気候ゆえに、基幹産業である遊牧が干ばつとゾド（家畜の大量死につながる寒候季の寒雪害）に繰り返し脅かされてきた。忍び寄る災害である干ばつ・ゾドは、深刻化する前に先行時間があるため、気候メモリとしての陸面状態（土壌水分、植生、積雪、家畜の状況など）を的確にモニタリングしていけば、災害予測と影響緩和が可能であり、このような視点から、早期警戒システムの構築の試みがなされている。

ユーラシア大陸東部の内陸に位置するモンゴル国は平均標高1580 m の高原上にある。日平均気温が氷点下に下がるのは多くの地域で10～4月と半年以上にわたり、年降水量はモンゴル国平均で200～220 mm と少なく、9割近くが暖候季に集中する。モンゴル国での自然災害の発生は、寒冷であると同時に乾燥している当地のきびしい気候と密接に関わっている。

モンゴル国では農牧業が就業人口の半数弱、国内総生産の3割以上を占め、農牧業生産の約9割を牧畜業が占めている。1999/2000年以降3年連続の冬・春季のきびしい気象条件により、家畜頭数が大幅に減少し、2002年の家畜頭数は2390万頭となり、1999年にくらべ967万頭（29%）減少した。これにより、2002年には一世帯当りの家畜頭数は135頭まで低下し、貧困ラインである50頭以下の世帯がじつに46%にまで増加した。

この影響は遊牧民の健康・教育レベルの低下や都市への人口集中をも招いた。このように基幹産業である牧畜業を脅かすゾドの対策は、モンゴル国にとって解決すべき火急の課題である。遊牧は、移動により土地への環境負荷を分散させ数千年来維持されてきた営みである。しかし、自然環境への依存度が高いゆえに、現在、モンゴル国でその存続が危ぶまれ、定住化を視野に入れた牧畜形態の改革の必要性が国内外で議論されている。

干ばつは通常の気候の変動幅のなかで起こりうる現象であり、世界のどの気候帯でも認められる。これは経年変動のなかの一時的な現象であり、降水が少ない地域における気候の恒常的な特徴である「乾燥」とは異なるものである。干ばつは、通常、雨季のなかの長期間にわたる降水量の減少の結果として、水域・土壌・植物（農作物を含む）などに生じる一連の現象である。一般的に乾燥地の降水は経年変動が大きいと言われている。

干ばつは、ゆっくり緩慢に始まるため、その時期を特定することはむずかしい。さらに、干ばつの状態あるいは影響は、長期間にわたって徐々に蓄積されていく。終了もまた緩慢であるため、時期を特定することはむずかしい。干ばつは、このような特徴ゆえに、他の多くの自然災害と異なって、「忍び寄る災害」と呼ばれる。

ゾドとは、放牧されている家畜が大量に餓死する直接的な原因となる、冬・春の草地の地表面状態あるいは天候である（図34）。干ばつは農作物に被害を与えるだけでなく、牧草不足で家畜が栄養不良になるために次の寒候季にゾドの被害が出やすく、両者は切り離しては考えられない。

図 34　冬のモンゴルの遊牧風景（2005年１月１日、フルスタインにて撮影。冬でも屋外で放し飼いされる）

ゾドの発生メカニズム

ここでゾドの発生メカニズムについて詳しく述べることにしよう。ゾドの原因には雪氷が牧草を覆うことや、低温、強風、前の夏の干ばつによる牧草不足など気象要素にまつわることが第一にあげられ、気象災害といった側面が大きい。一方、過放牧、遊牧民の牧畜技術および牧畜を支える社会的サービスの低下など、人為的要因も社会体制が社会主義から資本主義へと移行した1990年代から大きくなっていることが指摘されているが、ここでは主に自然科学的な側面を扱う。

ゾドの結果は家畜の衰弱や大量死であり、家畜死亡数がしばしばその結果を示す定量的なデータとして利用される。しかし、ゾドの発生年はモンゴル国内の資料の間でも一致しない。共通して大規模なものと位置

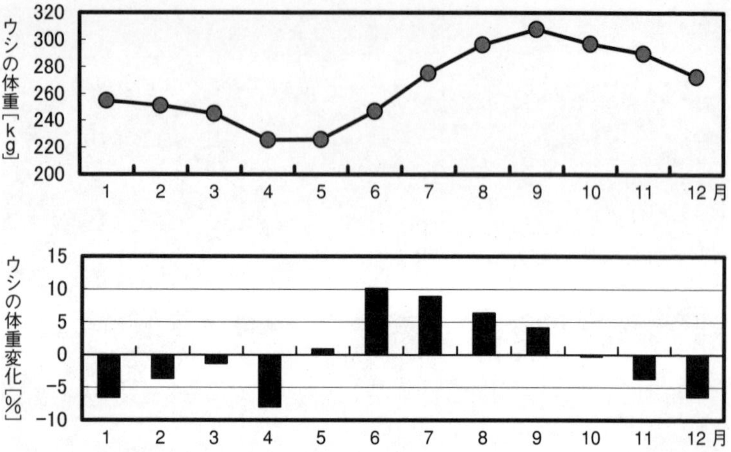

図35　雌ウシの体重の季節変化（森永ほか2004。ボルガン県の牧畜気象観測点における1982〜2002年の平均値）

づけられているのは、1945、1968、1977、2000、2001、2002年のゾドである。ゾドの影響としては、家畜を失ったことによる貧困化、それによる健康・教育レベルの低下、都市への人口集中など、社会経済的な側面があげられる。一方、自然科学的側面としては、家畜の数の減少により草地への放牧圧が緩和されるという見方もある。

ゾドのプロセスの理解に不可欠な、モンゴル国における放牧家畜の体重の季節変化の傾向をみる。図35はボルガン県で1982〜2002年に観測された雌ウシの体重変化であるが、放牧家畜の体重変化の一般的傾向とみなせる。体重は春から秋にかけて草を旺盛に食べることで増加し、秋には最大となる。体重増加期に干ばつが起こると、家畜は十分な体力（カロリーや脂肪）をつけられない。家畜が干ばつで死ぬことはめったにないため、干ばつは家畜にとって直接的な災害とはならないが、引き続く冬・春越えの際に発生する家畜の死亡には潜在的に関係する。寒候季には、低温によりエネルギーを失い、摂取する枯草はバイオマスも栄養価も少ない（8月の5～6割）ため体力を消耗しつづけ、バイオマスが最低となる春（8月の3～4割）に体重も最低となる。春は気温が上がり牧草の新芽が出始めるものの、風が強まり、家畜の体力消耗を加速する悪天候が出現しやすい。出産の時期でもあるため、冬から春にかけて死亡率が高まる。

モンゴル国の家畜はこのきびしい気候に適応しており、秋までに蓄えたエネルギーで冬・春を乗り越えるが、悪条件が重なると、家畜が大量死する事態が発生する。ゾドの定義は複数あるが、現在広く用いられているものによると、ゾドとは「放牧家畜が（十分な草や水を摂取できずに）大量に餓死する直接的要因となる、冬から春の草地の地表面状態あるいは天候」ということができる。

ゾドの分類は、寒候季に少なくとも数日以上連続して家畜が草や水を摂取できなくなり飢餓につながる、直接的な原因にもとづいて行われている。主な原因は3つに分けられ、それを模式的に図36の三次元ダイアグラムに示した。雪氷軸は草地を覆う雪氷、牧草の軸は牧草の欠乏、天候軸は草地での草や水の摂取を阻むような数日続く悪天の程度をそれぞれ表す。

まず、「雪氷—牧草」平面からみていく。“白いゾド”とは草が積雪に覆われる状態をさす。“鉄（ガラス）のゾド”とは融解した積雪が再凍結してできた硬い氷に覆われる状態で、気温が0℃付近まで上がる秋や春に起こりやすい。「雪氷—牧草」平面の斜線のなかでも雪氷軸よりに位置するのは草があるのに食べられない場合に起きるゾドで、草が厚い積雪に覆われる白いゾドと、厚い氷に覆われる鉄のゾドがある。牧草が不

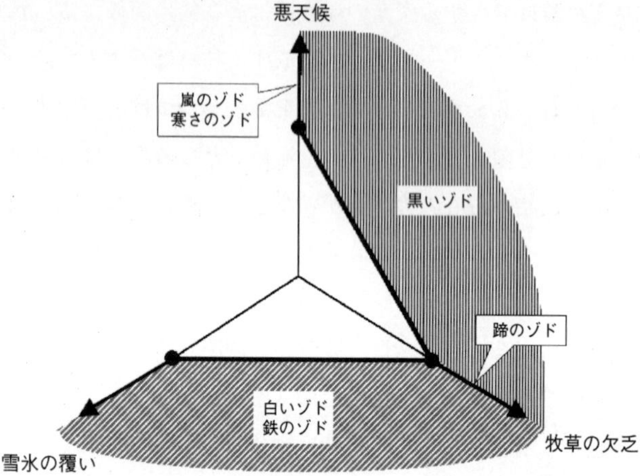

図 36　ゾドタイプの三次元ダイアグラム（篠田・森永2005。ゾドの発生には雪氷の覆い、牧草の欠乏、悪天候の3因子が関わっている。斜線がゾドの発生を示す）

充分な場合に起きるゾドは、「雪氷—牧草」平面の斜線のなかで牧草の軸よりに位置する白いゾド・鉄のゾドで、草丈が低いためにわずかな積雪や表面凍結でも草が覆われてしまう。斜線の手前部分は、低い丈の牧草が厚い雪か氷に覆われている状態をさし、採食に最も深刻な影響を及ぼす。

過放牧が原因の“蹄（ひづめ）のゾド”は、草の量が最低になる春先に起きやすく、牧草の軸上に位置する。“黒いゾド”は解釈が分かれるが、必要条件は積雪がなくて飲み水不足になる状態である（寒候季の家畜は、積雪を食べることで水分を摂取することが多い）。これに低温、牧草が不充分という条件が付加されることもあるので、「牧草—天候」平面に位置すると考えられる。低温だと表層水が全面凍結しやすく、低温のために水や牧草を求めての長距離移動も体力消耗が大きくてむずかしくなる。

家畜が摂取する草の量は、草地の草の量と採草時間（grazing time）の積で決まる。低温や強風（雪嵐、砂嵐も含む）など、家畜が草地に数日間出られなくなる、あるいは出ても食べていられないような天候は草の採食時間の短縮につながるので、放牧にとって好ましくない気象条件と表現される。“嵐のゾド”、“寒さのゾド”（狭義には、寒さがもたらす積雪や凍結の効果まで含まない）などがこれに該当し、天候軸上に位置する。実際には、これらのゾドが秋から春にかけて次々に起きる“複合ゾド”もあるし、ゾドが発生した地域から避難した家畜が集中した結果、連鎖的に蹄のゾドが起きることもある。また、複数年持続するような干ばつ、ゾドによる蓄積効果もありうる。図36では、経年スケールのゾドの原因を示したが、長期的にみると、植生・土壌劣化がゾド発生に関わる可能性はある。

図36からは、冬・春越えをする際の草の状態の重要性がみてとれる。牧草がよければ（牧草の軸の原点方向）よほどの悪天か厚い雪氷に覆われないかぎりゾドにはならない。牧草がよければ、草丈が高いために、白いゾド、鉄のゾドなどが起きても程度が軽い。家畜は、夏以来、十分に栄養を摂取していて基礎体力があるし、非常時のための干し草の備蓄量にも、夏季の草の量が反映する。干ばつの後にゾドが深刻化しやすいゆえんである。付け加えると、家畜は夏季の高温にも弱く、干ばつ時に高温のため家畜の採食時間が短縮して、体重増加が抑制されることも、後のゾドの深刻化に関係する。

干ばつ・ゾド早期警戒システムの構築

モンゴル国気象水文環境監視庁のなかにある気象水文研究所において、1970年代から続けられている土壌水分、植生、家畜に関する農業・牧畜気象観測システムは、経験に依存することの多かった遊牧技術を科学的に支えるべく作られた、きわめて独自性の高いものであり、干ばつ・ゾドの警戒に重要な役割を果たしてきた。ここでは、これらをさらに発展させた早期警戒システム（EWS）の構築の可能性について述べる。

われわれは、夏の干ばつと冬のゾドの発生を一連の時系列的な現象と捉えることで、これらの災害の総合的な早期警戒システムを提案している。家畜が餓死するまでの過程のおおもとには天候の平年からの大きな偏差（ずれ）が存在し、「大気大循環→地域的な天候→土壌水分→植生→家畜」というように、影響が図37の上から下へと時差をもって及んでいく。このため、この連鎖現象のメカニズムを解明すれば、上流の現象をモニタリングすることで家畜に影響が及ぶ前に災害の警告、すなわち、早期警戒が可能となるはずである。具体的には、前年の暖候季は高温、少雨などの影響で徐々に現れてくる牧草や家畜の体重の異常をモニタリングし、寒候季のはじめには牧草の現存量・積雪のモニタリングと寒波の予報などを、家畜の消耗している春には強風に関する短期予報などを、随時遊牧民に警告していくシステムである。この早期警戒システムの構築は、国際協力機構（JICA）の技術協力プロジェクト「モンゴル国気象予測及びデータ解析のための人材育成プロジェクト」（2005年２月～2008年９月）のなかで取り組まれた。

気候変動と遊牧の将来

モンゴル国の平均気温が1940～2001年に1.66℃（冬季は3.61℃）上昇

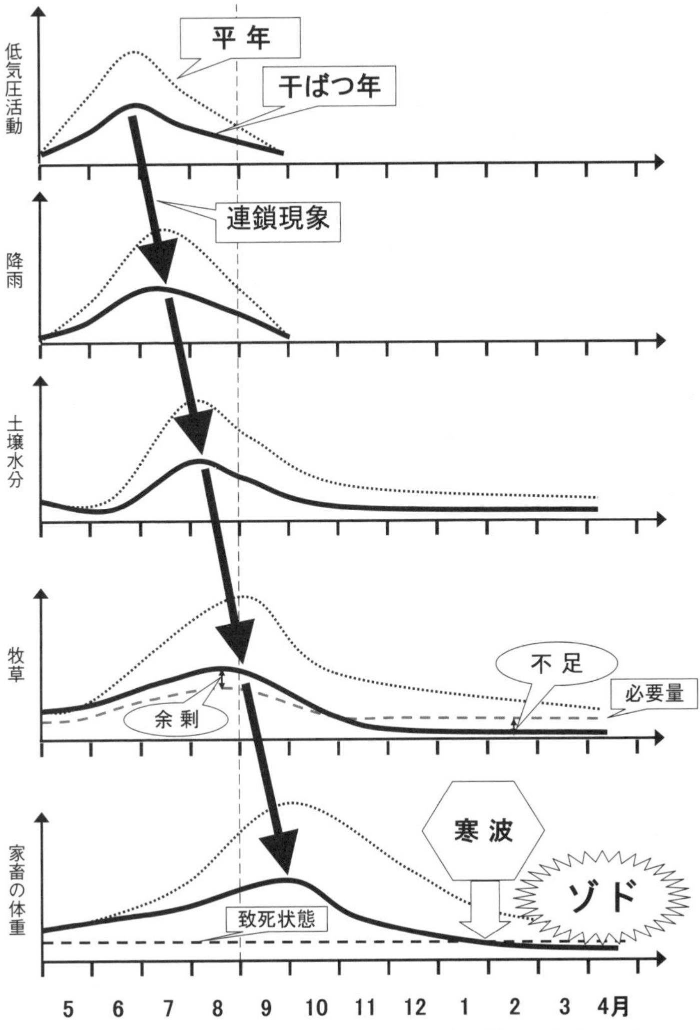

図 37　異常気象が家畜に影響を及ぼす過程（篠田・森永2005）

したが、これは全世界の平均気温が19世紀末からの100年間で約0.6℃上昇したのに比較すると大きい。この温度上昇と、干ばつの発生頻度増加との関連も指摘されている。モンゴル国とその周辺では1970年代後半以降、土壌の乾燥化傾向にあり、これは地球温暖化やエルニーニョ／南方振動（El Niño/Southern Oscillation［ENSO］）の温暖位相への移行とも同調している。衛星 NOAA のデータからみると、積雪面積の減少傾向がユーラシア・北米の春季において1980年代半ばから顕著になったが、これと地球温暖化との関連が議論されている。このような積雪の傾向はモンゴル国を含むアジア乾燥地で現在も引き続いており、春の早い融雪を通して春から夏の土壌水分の減少をもたらす可能性がある。最近では、1999～2002年に強い干ばつが北半球で広域的に発生し、植生活動に影響を与えており、この傾向はモンゴルでも認められる。このように、モンゴル国の自然災害に対する気候変化の影響は、暖候季の高温乾燥化（干ばつの強化）にあらわれる可能性があり、それがゾドの深刻化につながることも懸念される。

モンゴル草原—遊牧システムの干ばつに対する脆弱性は、①暴露（この場合干ばつにさらされる程度）、②感受性、③復元力の３要素とそれらに関わるプロセスから表現できる。遊牧知識・技術の向上や牧養力の維持などによって、①～③の全プロセスを経た後、干ばつの影響が残らないようにすることが、草原—遊牧システムの脆弱性を低減することであり、ひいては、持続性を向上することにつながる。

自然災害緩和のための気象予警報の高度化や地球温暖化に伴う気候変化予測が、モンゴル国の国家開発計画、気象水文分野の開発プログラムのなかで示されている。このような背景をもつモンゴル国にとって、干ばつ・ゾドの災害管理は、現在から将来にわたって、重要な国家的課題である。現在、われわれが取り組んでいる早期警戒システムが構築できれば、災害発生後の対応ではなく、その前に備えを施すことで干ばつ・ゾドの影響緩和をすることが可能となる。モンゴル国の遊牧が現代科学の地球観測・予測技術を取り込むことで、それ自体の自律的調整機能を高め、自然災害への対応能力をもった持続的なシステムへと移り変わってゆくことが期待される。

（篠田雅人）

3 農業とともに歩む

変わるモンゴル社会

太陽光発電・テレビの衛星放送などの普及に伴い、都市から離れた地域においても、国内はおろか世界中の情報を瞬時に入手することが可能となった。モンゴルでも、ゲルのそばに、衛星放送用パラボラアンテナや太陽光発電用パネルが置かれているのを目にすることもめずらしくはない。このような情報の普及が、伝統的な生活・文化に与える影響は決して少なくないものと予想される。

ところで、1990年の民主主義市場経済体制への移行以来、ネグデルによる家畜の私有化をはじめとして、モンゴルは急激な変化にさらされている。人口は、ウランバートル周辺へ一極集中する一方、アイマグ（県）など都市（村）部の減少、農村での増加などが顕著である（小宮山 2002）。また、サービス業や鉱産資源関係をはじめとして、伝統的な牧畜以外の仕事に就く人が増えている（小長谷 2007）。当然、これら非農業部門に従事する人びとは食糧を自給することはできない。その状況は、かつて、モンゴルに囲郭都市（土城あるいは都城）が建設されたときと同じであろう。

すでに指摘されているように（最近では、白石 2001・2002、森安 2007、松田・白石 2007など）、かつて、モンゴル高原の強大な国では、遊牧軍事力を支える軍需産業としての手工業技術者、およびそれらの人びとの生活を維持するための農業生産従事者が不可欠であった。モンゴル帝国期（元代）には、多くの食糧は南の中国穀倉地帯などから移入されたが、それだけで十分であったのであろうか。万一政情が不安定化した場合には移送が絶たれることも十分に想定され、現にクビライの時代、カラコルム付近で積極的に耕地開発が実施されたことはよく知られている。

実際、後で述べるように、モンゴル高原の都市遺跡周辺では、現在も耕作が行われているところもあれば、耕作跡のみが残存しているところも少なくない。もちろん、それらの耕作跡地は旧社会主義時代のコメコン体制下で使用されたところもあろうし、また清代やあるいはそれ以前に屯田として開発（再開発を含む）された跡地の可能性もあろう。旧社会主義時代には、周知のように、計画経済体制の下で機械化と大規模な灌漑を利用して農業が実施された。かつての耕作地は、現在も耕作が継続中のところがある一方で、放棄され草原化している部分や塩類化が進行したところも少なくない。それらの中には、かつて都市遺跡が利用されていた時代の耕地も含まれている可能性がある。

いずれにしても、今後モンゴルでは、情報の広域化、市場経済の浸透がいっそう進行するであろう。それに伴って、食糧を自給できない人びとが増加して、現在以上に食糧の確保が重要な課題となろう。耕作農業の拡大は避けて通れない問題である。

農業をどのようにとらえてきたか

松田寿男（1964）は「遊牧国家の発展には、遊牧にプラスする何かが必要」としている。何かが問題であるが、農耕が含まれる可能性は十分に考えられる。白石典之は、漠北（ゴビ砂漠より北側の地域）では、防備のために屯田（漢人を中心に、渤海人、女真人が参加）を実施したが、戦乱が長期にわたり流入民が大量に増えたこともあり、食糧難に陥り、周辺からの農作物では不足だったので漠南以南の漢族土地から大量の食糧を移送しており、モンゴル帝国時代には、カラコルムへの食糧輸送が重要な問題になったという趣旨の意見を述べている（白石 2002）。

同様に、森安孝夫は「経済基盤の脆弱な遊牧を主とする国家にとって最大の困難は旱魃・霜害などの自然災害である（中略）突厥第一帝国をはじめ、次のウイグル帝国（東ウイグル）も、後世の大元ウルス（元朝）も、自然災害が国家滅亡の一大要因となったのである。自然災害や疫病などによって家畜の大量死という飢饉状態に陥った時（以下略）」などを通して、モンゴル帝国以前から漠北の都市が食糧貯蔵基地としての機能から始まったことを指摘している（森安 2007）。

さらに、松田孝一・白石典之（2007）では、以下の３点が指摘されている。①林俊雄（1999）も触れているが、モンゴル高原における匈奴時代の住居址と契丹時代の都市の分布域がほぼ重なることから、契丹都市の分布域は、匈奴以来、一定の人口が集中して居住しうる環境を備えていたと考えられること、②匈奴時代からモンゴル帝国時代までのモンゴル高原における都市の成立は、南の中国からの物流の拡大が大きく関わっていたこと、③モンゴル高原における国家システムは、遊牧軍事力、軍需産業としての手工業、技術者を維持するための農業生産、経済基盤としての南北物流の上に成り立つこと。

くわえて、清代、中国では広い範囲で農耕が積極的に推奨され、その影響はモンゴルにも波及した。少なくとも、清代では農耕に関する知識・情報が豊富であったことは確実である（岡 2007）。

また、西モンゴルにおける農業については、バダムハタン（1996）によって、概略として以下の点が記述されている。

アルタイ山脈中北部のホブド県、バヤン・ウルギー県、およびモンゴル北西部のオブス県などの山岳地域では、少なくとも19世紀から20世紀にかけて（古いところでは数百年間）、牧畜とともに、川沿いの肥沃な土地（低地）などで、去勢ウシ、ラクダ、ウマなどによる犂耕が並行されてきた。たとえば、ウールドたちの耕作地は、「風が無く、温暖で、日当たりが良く、山に囲まれて、湖や川にかこまれており、湧き水や河川水、植生に恵まれていた」。農作業は、基本的に、①耕地を選び、土地を耕し、水を引き、水路を引き、種を播く、②収穫する、③脱穀する、以上３段階に組織されていた。

ようするに、農耕が可能な土地的自然環境を有する地域で、古くから、牧畜とともに犂耕が並行されてきたのである。

次に、旧社会主義時代には、旧ソ連の指導の下、国営農場・集団農場方式により農業の生産体制が敷かれ、大型機械の利用や肥料の大量投入に依存した大規模で粗放的な作物生産が行われていた。その間、小麦・バレイショの自給率は100％に達した（平井 2008）。一部は輸出していたが、1990年以降、市場経済への移行に伴い国家からの農業機械や部品の供給が停止されたことなどにより、小麦は生産が急減し2000年には自給率は３割前後に落ち込み、バレイショも自給率は６割程度となった（日本外務省 2006）。それらに連動して、耕作放棄地が急増した。

そこで、以下では、「過去は現在、そして未来への鍵」との立場から、現在の都市域と同様に、食糧を自給できない人びとが多く生活していた都市遺跡を取り上げ、その周辺おける耕地および耕地跡の状況について検討する。あわせて、耕作を継続あるいは再開し、今後の食糧自給率向上に向けて、どのような方策が可能かについて情報を模索する。

都市遺跡と周辺の耕作地跡

モンゴルの都市遺跡については、最近、実際に現地を訪問した日本人研究者による報告が増えている。ここでは、基本的には松田孝一・白石典之（2007）に報告されている遺跡を対象として、空中写真、1960年代撮影のコロナ衛星写真（最大地上解像度約 3 m）、クイックバード衛星画像（同約60 cm）、さらにグーグルアース画像などの判読を通して、それぞれの水環境・地形的立地条件などについて検討する。あわせて、周辺における耕作地の有無・塩類化の状況など、遺跡周辺における現在の土地景観を把握する。

(1) カラコルム遺跡

当遺跡は、モンゴル中西部アルハンガイ県の、北流するオルホン川扇状地の扇頂部（最も上流側）にあり（図38）、1235年にウゲデイ（オゴダイ）により建設されたモンゴル帝国の首都である。白石典之（2002）などによれば、モンゴル帝国の都が大都（北京）に移された後も、クビライはカイドらとの戦に備えて、当地に積極的に屯田を設置した。明代には、カラコルムの上流側端にエルデネ・ゾー寺院が建設された。グーグルアース画像（2008年 8 月段階）によれば、当遺跡東方には、北西―南東方向に約20 km×10 km ほどの範囲で耕地が分布する。なお、その北東（下流）側縁辺沿いでは耕地の土地パターンの中に白い部分が広がり、塩類が析出して塩害が発生していることがうかがわれる。

このように、カラコルム遺跡やエルデネ・ゾー寺院は、地形的に灌漑水路網を調節しやすい扇頂部に位置しており、その利点を生かしてモンゴル帝国の首都が建設され、さらに下流側の扇状地面では広い範囲で耕作が実施されてきたことが明らかとなった。その一方で、不適切な灌漑によるのであろうか、下流側では一部で塩害が発生していたことも判明

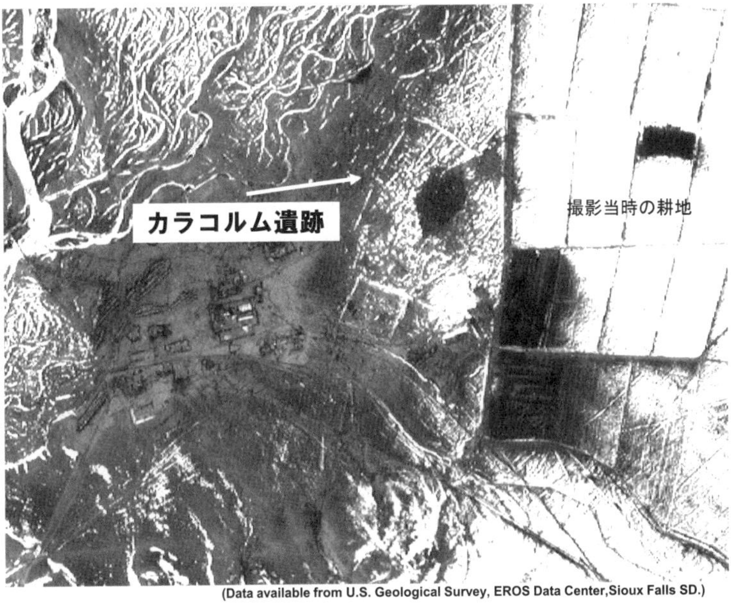

(Data available from U.S. Geological Survey, EROS Data Center,Sioux Falls SD.)

図 38　コロナ衛星写真でみる積雪下のカラコルム遺跡（写真右上部分、耕地の畝の横幅は500 m 程）

した。

(2)　アウラガ遺跡

チンギス・カンの宮殿跡（白石 2002）とされるアウラガ遺跡は、ウランバートル東約250 km、ヘンティ県のヘルレン川とアウラガ川合流部付近、同川北岸の草原に存在する。アウラガ宮殿付近では、当時農耕が行われていたとされる（白石 2005）。空中写真判読によれば、アウラガ川沿いの低地から斜面上方にかけて、平行する縞模様で示される耕地跡と推定される土地パターンが拡がっている（図39）。しかし、2005年７月お

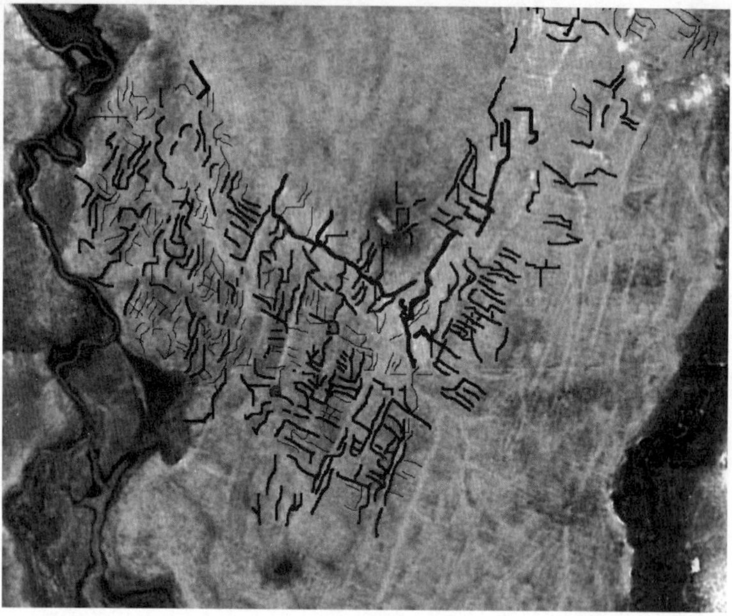

図 39　空中写真でみるアウラガ遺跡周辺の水路と畝状遺構（線を強調した。写真の横幅は約300 m）

よび2006年７月に筆者が踏査したところ、現地ではこの土地パターンは明瞭には確認できなかった。

当地域付近の降水は、モンゴルの大部分と同様に、夏雨型である（本書Ⅰ-２を参照）。降るときには雷雨としてかなり強い雨となることが多く、土地被覆が草原であることも加わり、雨水が一面に広がって流れ下る面状流が発生しやすい。大まかには、上記の土地パターンは、土手を築いて斜面上方からの面状流を下方の耕地へ集める形状を示し、当地域の限られた量の降水を有効に配分するための工夫であることは確実である。白石によれば、この付近で清代には農耕が行われていたことは確実であり、さらにモンゴル帝国時代にも農耕が実施されていた可能性が高いとのことであるが（私信）、残念ながらこの土地パターンがいつ作られたかについては具体的なデータを得られていない。少なくとも、上記の集水方式が技術的にはかなり進んだものであることは確実である。

ところで、付近を流れるアウラガ川の流量は少なく、また、この川から遺跡周辺に引水された明瞭な痕跡は認められない。これらの状況は、灌漑対策の可能性が高い上記縞模様土地パターンの存在も勘案すると、アウラガ川からの河川灌漑は実施されなかったことを強く示唆している。また、アウラガ宮殿跡近くには、囲郭都市の遺跡は確認されていない。多くの場合、モンゴル高原の囲郭（土城）では多少なりとも囲壁などが残存していることから、アウラガ宮殿付近には囲郭が建設されなかったものと判断される。

清代には耕作が行われていたにもかかわらず、アウラガ宮殿付近に囲郭を持った都市が建設されなかったと推定されることは、いずれにしても、この付近が多数の人びとの生活を支える農耕には不向きであったことを示している。

(3) シャーザン・トルゴイ遺跡

当遺跡は、モンゴル西南部ウブルハンガイ県の、ボグド山地北麓扇端の湧水帯（下流側前面に小丘）付近に存在し、元代とされる囲郭址が小丘頂部やや南側に残存する。当地付近を位置的にみると、東西方向では、内モンゴルのフフホトからゴビを横断しハミに至る幹線であり、南北方向では、カラコルムから元代の漠南西部の重要拠点である黒城（黒水城・カラホト）遺跡（中国内モンゴル自治区エチナ［エゼネ］旗）へ向かう直線状交通路のほぼ中間付近に相当し、『元史』などに登場するカラコルムに食糧を供給していた「孔古烈倉」の地であるということが明らかになっている（白石ほか 2009)。カラコルムから当遺跡までの距離は約200 km である。白石ほか（2009）では、以下のことが指摘されている。

空中写真判読によれば、付近には囲郭址が残存する小丘と同様な小丘群がほぼ東西に存在し、それら小丘の北側には湧水起源の水流を灌漑に利用した耕地跡がわずかに存在する。2005年7月の現地調査では、湧水起源の水路から、幅30－40 cm、比高70 cm ほどの土手状の高まりで隔てられた泥質の平坦な部分が存在した。そこでは、細長い比高10 cm ほどのほぼ平行した畝状の高まり、直径約40 cm、深さ15 cm ほどの石臼、元代と推定される陶片などが確認された。塩類が析出して白くなった部分が一部に認められ、当地域の気候条件にくらべて過剰な水・地下水が存在したこと、すなわち、水が降水以外に他から供給されたことが示唆される。このような状況から、この泥質の平坦地は（元代を含めた）かつての灌漑型耕地跡と判断された。また、付近の湧水起源の水路沿いには、時代は不詳であるが、同様に土手状の高まりで隔てられた耕地跡と考えられる泥質の平坦地が複数分布していた。

上記現地調査時の、土地の古老ら（いずれも牧民）からのヒヤリングによれば、清代、社会主義時代にはその付近で農業が行われていたとのことである（白石ほか 2009)。その耕地と考えられる付近には、2007年5月11日撮影のクイックバード画像の判読によれば、約60 m×25 m ほどの細長い耕地がほぼ傾斜方向に延びていた（図40：破線)。それとは別に耕地区画（畝）を示すと判断される交差した“遺構の痕跡”（soil mark、図40：点線）が、複数の地点で確認される（白石ほか 2009)。後者は異なる時代に耕作が行われたことを示すものであり、湧水にも恵まれたこの付近が農耕に適する土地であることを如実に示している。

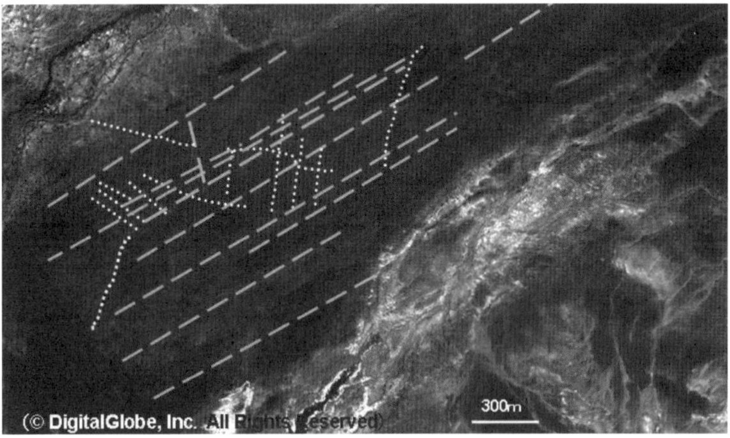

図 40　クイックバード衛星写真でみるシャーザン・トルゴイ遺跡周辺の新旧耕作地跡（破線は社会主義時代、点線は元代の可能性あり）

湧水池周辺には湿地が広がり、また、そこから河川が流出していて、その河川沿いも草本の生育密度が高い草原であった。現地調査の際には、これらの草地でヒツジ、ウシなどが放牧されていた。また、冬季に撮影されたモンゴル国の空中写真では、これらの草地周辺には、ゲルが散在していた。これらのことから、水路沿いや湧水池周囲の草地は、放牧地として利用する空間的土地利用の特徴が理解される。

さて、水路沿いの土手状の高まりは、何のために設置されたのであろうか。この土手状の高まりは崖部分が直立に近い状態であるにも関わらず、構成する土砂層はあまり固結していなかった。このことは、この高まりの形成がさほど古くないこと、少なくとも元代までさかのぼるとは想定しにくいことを示している。しかし、少なくとも平坦地で農耕が実施されていた清代や社会主義時代には、耕地は放牧された家畜から守られる必要があり、土手状の高まりがその役割を担っていたことは確実である。もっとも、その一方で、既述のように清代には耕地に家畜を導入して排泄物を肥料として利用していた。このような耕地周囲での放牧家畜対策は、元代でも実施されていた可能性が高いと推定される。

以上のことから、少なくとも、湧水に恵まれたシャーザン・トルゴイ付近では、他のモンゴル高原の地域と同様に、伝統的には放牧（移牧を含む）が実施されてきた。あわせて農耕が行われていた時代もあり、その時には、上で述べたように、水路沿いに設置された土手状の高まりにより、耕地と放牧地が分離されていたのであろう。このような分離が実際に元代でも実施されていたかについては不明であるが、当遺跡付近では、少なくとも清代以降、湧水に恵まれた土地的自然条件を生かして、放牧と農耕が両立されていたものと考えられる。

モンゴルの農業の将来に向けて

(1) 遺跡周辺における現在の耕地

本稿で取り上げた遺跡と周辺における耕地および耕地跡の現状は、次のようにまとめられる。

かつて周辺で耕作が行われた遺跡における、衛星画像・空中写真などから把握される現在の耕作状況は、現在も耕地中のところと放棄された場所に大別される。前者は、基本的には、「水量が豊かな河川沿い」あるいは「湧水地」の少なくとも一方を備えたところである。これに対して、後者は、アウラガ遺跡のように夏季の面状流にのみ依存するか、あるいは、現状として河川流量が不十分な場合である。ウランバートルから西へ、カラコルム遺跡のあるハラホリン郡への国道沿いには、台地状の緩斜面に放棄された社会主義時代の広い耕地跡が複数存在した。地形的には、いずれも夏季降水にのみ依存した場所であり、いわば上記の後者に相当する。

この結果は、継続的に利用できる耕地にはどのような立地条件が必要であるかを明瞭に示している。

アルタイ山脈北麓沿いには、長大な活断層アルタイ・ゴビ断層が走り、大まかには東西方向に延びる低地帯を形成している。この低地帯には、南のアルタイ山脈側から複数の扇状地が断続的に合流している。これらの扇状地は、その地形的特性から、湧水を含めて水資源に恵まれた土地をもたらしている。シャーザン・トルゴイ遺跡はこの例であった。

なお、山麓の湧水に依存するシャーザン・トルゴイ遺跡付近では、遺跡よりも数 km 以上下流側に広大な塩類集積地が存在していた。この塩類集積地には、人工的灌漑水路跡と考えられる、直線状の土地パターンが見られる。このことは、かつて給水と排水が不十分な状況下で過剰な耕作が実施されたことを物語っている。また、ハラホリン付近では、現在の農地下流側末端部分に塩類集積が生じていた。これも基本的には同じ原因によるものである。

これらはいずれも、利用できる水量と量的に見合った耕作が不可欠であることを明確に示しており、今後モンゴルで農耕地を増やす場合に忘れてはならない点である。

(2) 農地と放牧地

農耕は植物栽培で水が不可欠であり、そして、耕作中の土地には当然作物が生育している。モンゴルの遊牧では、草・水を求めて春営地、夏営地、秋営地、冬営地と移動する。その際、作付け中の耕地への家畜の侵入は避けなくてはならない。そのため、遊牧が生業の中心であるモンゴルでは、農地と放牧地との棲み分け・使い分けは重大な問題である。

乾燥地域でかつて実施された屯田・農耕地開発では、牧民との共存をどの程度配慮されていたのであろうか。

元代のエチナ（黒城付近）では、出土史料から農耕地と牧地は壁などで区切られていた（京都大学古松崇志氏からの私信）ことが知られている。また、元代と推定される耕地跡は方形に近い区画（平面パターン）を示す部分が多く、それぞれの境には、桑などの枯死した樹木がかなり断続的に残存している。このことから、桑などが植栽されていたこと、それらは部分的には家畜の侵入防止用に機能していたことなどがうかがわれる。

シャーザン・トルゴイ遺跡付近では、水路沿いに比高70 cm ほどの連続した土手が残存し、水路と反対側、すなわち土手の内側（堤内地）には耕地跡が分布していた。少なくとも平坦地で農耕が実施されていた清代や社会主義時代には、既述のように、耕地は放牧された家畜から守られる必要があり、土手状の高まりはその役割を担っていたことは確実であろう。そして、このような耕地周囲における放牧家畜対策は、上記のエチナの状況を踏まえると、シャーザン・トルゴイ遺跡付近では、元代にも実施されていた可能性が高いと考えられる。

一方、既述のように、古くから西モンゴルの土地的自然環境に恵まれた地域では、牧畜とともに犂耕が並行されており、清代には作付け前の耕地に家畜を導入し、その排泄物を肥料として利用していた。すなわち、そこでは土地の使用時期を一年の中で家畜用と耕作用とにずらすことにより、農耕と遊牧が共存していたのである。

将来、モンゴルで農耕を現在以上に普及させるためには、農耕と遊牧の共存（たとえば、時期を変えた同じ土地の利用など）は不可欠な要素である。

(3) 分散した耕地を求めて

清代の外モンゴル(現モンゴル国)では、寺院を中心とした地域コミュニティが存在しており、そこでは農耕も実施されていた。また、中国内モンゴルでは、都市的集落の発生は「農耕化による定着化における農業集落から発展した都市的集落」と、「寺院建築などを中心とした都市化による定着から発展した都市的集落」に大別される(小長谷 2005)。

中国は、モンゴル国にくらべて定着化に対する政府の対応がはるかにきびしく、また、インフラの整備も相対的に進んでおり、内モンゴル自治区でも人口が100万人を超える市が4つ、周辺の合併部分を除いても100万人に近い市が複数存在する(2002年段階)。

もちろん、内モンゴルとモンゴル国では状況・背景など基本的に大きく異なるので、同列に論じることはできない。しかし、モンゴル国でも、将来的には、農耕に適した土地を中心とした小さな農村的地域コミュニティー(ソム＝郡あるいはバグ＝村・集落)が分散するかたちで、機能(あるいは復活)することが必要なことを示唆している。ただ、それに付随して交通網整備ほか、多くの課題の解決も必要となろう。

いずれにしても、今後の食糧需要の増加に対して、ウランバートルへの人口の一極集中を避ける意味からも、かつての地域コミュニティーなどを核として、地形・気候・水などの自然的条件が農耕に適する土地において、遊牧との共存および環境との調和(とりわけ、利用できる水量と量的に見合った耕作)などに配慮しつつ、食糧増産を積極的に進めることも必要なのではなかろうか。

(相馬秀廣)

4 遊牧の未来へ

草原に暮らして

私は中国内モンゴル自治区の北部にあるハイラルという小さな街に生まれ育った。ハイラルの北東から南西にかけて大興安嶺山脈が横たわっているが、父はその南部で農耕を行っていたハルチン・モンゴル人の出身で、母はハイラルの西に広がるバルガ草原を遊牧していたバルガ・モンゴル人の出身である。

母が生まれたバルガ草原の西側にメネンという広大な乾燥草原がある。そこには地表水がないため、放牧地としては雪が降る冬にしか使われない。母が子供のころは、初冬の降雪とともにメネン草原へ行き、雪中を移動しながら家畜の放牧をしたという。気温が低くても、冬のモンゴル高原は高気圧に覆われることが多いため、日中は太陽が燦々とふりそそぎ、風が頬を軽く撫でる程度の穏やかな日が多い。春から夏にかけて成長した草原のイネ科植物は、秋になると種子をつけたまま乾燥し、そのまま冬にはうっすらとパウダースノーに覆われる。穏やかな天候、乾燥したイネ科の植物と草原全体を薄く覆う雪、遊牧民にとってメネン草原は冬の放牧を行うのに絶好の場所である。

そんなメネン草原で冬を過ごした母たちは、南から暖かい風が吹き始める春とともにメネン草原を後にする。人間と家畜に水を提供してくれる草原の雪が、南から北に向かって1日に10数 km の速さで融けていくからである。母たちは家畜を連れて命の雪を追いながら北に向かう。夕方、やっと追いついた雪の裾で家畜をまとめ、ゲルを立てて夜を過ごす。しかし、朝にはゆうべの雪が、夜に吹く暖かい春風に融けて、うそのように消えてしまっている。こうして、融けていく雪の裾を追う移動を繰り返しながら、地表水のある草原を目指し、そこで夏を過ごすのである。一方、夏の間、無人状態になるメネン草原は、太陽のエネルギーを大地に貯めていく。

これはモンゴル高原の草原生態を遊牧によってうまく利用している例のひとつといえる。そこには、限りのある水と草を求めて、自然に順応しながらその恵みを力いっぱい受け止め、たくましく生きるモンゴル遊牧民の姿があった。

草原生態系は地球上の陸地面積のおよそ４分の１を占め、人間活動が最も集中している生態系のひとつであり、深刻な環境問題を抱えている生態系のひとつでもある。大陸性気候が卓越するモンゴル高原のおよそ７割が草原植生に覆われ、遊牧が人びとの生業としてそこに長い歴史を持って展開されてきた。しかし、その一部である中国内モンゴルでは、近年、草原の退化と砂漠化が深刻さを増し、周辺の地域と国々に影響を与えるようになっている。草原の退化をもたらした原因についてはさまざま考えられるが、伝統的な遊牧が営まれていた時代に草原が退化するようなことはなかった。

モンゴル高原の遊牧はどのような仕組みで営まれているのであろうか。また、草原生態系とどのような関係を持っているのであろうか。私は仲間とともにモンゴル国で10年間にわたる調査を行い、これらの問題の答えを見出した。

草原の生産力と遊牧の調査

1999年の6月、私たちはモンゴル国の東部草原のスフバートル県トゥメンツォグト郡とモンゴル高原中部のトゥブ県バヤンウンジュール郡の2カ所に調査地を設けた。トゥメンツォグト草原は、種組成が豊富で生産力が比較的高い典型草原に属する。一方のバヤンウンジュール草原は、典型草原と砂漠草原の境に分布し、群落構成種の数も生産力も典型草原より低い乾燥草原である。この2つの調査地のことを以下略してそれぞれ典型草原、乾燥草原と称する。

2つの調査地で、家畜の採食を排除することを目的に、面積が100×100 mの柵を設置した。1999年から2008年にわたって、草原群落の生産量が最大に達する秋に、柵内外の植物群落の種を同定し、地上部の現存量を測定した。

家畜の影響が排除され、気候条件による影響を主に受ける柵内の群落の現存量を、草原の生産量と見なすことができる。一方、柵の外側では家畜が放牧されているので、地上部現存量が家畜採食後に残った部分と考えられる。そして、柵内から柵外の地上部現存量を差し引いた分が家畜の放牧によって減少した量と見なすことができる。

植物生態学的な調査のほかに、調査地周辺の草原を利用している遊牧民が放牧している家畜の数と年間放牧移動距離を教えてもらった。

気候条件が草原群落の生産力と種組成に及ぼす影響

乾燥草原にくらべて典型草原では単子葉の種における生産力の安定性が比較的高く、それと対応して典型草原では家畜の採食圧も比較的安定している。一方の乾燥草原では、乾燥気候に適応した木本の種の生産力が比較的安定している。

われわれは、植物の分類学的および生態学的な特徴を基準に、調査地の群落構成種を①単子葉の種、②１、２年生双子葉の種、③多年生双子葉の種、④木本の種という４つの機能型に分けた。なお、茎の下部や地下部が木質化するが、枝が柔らかく、家畜に採食されやすいものは木本のグループから外し、多年生双子葉種のグループに含めた。

典型草原では､年間降水量の平均値が乾燥草原より高くなっている分、群落の地上部生産量も高かった。降水量は草原の生産力だけではなく、群落の種組成にも影響を与えている。典型草原の群落では草本種の割合が高いが、それにくらべて乾燥草原では木本種の割合が大きい。草原群落の種組成が大きく異なることによって、飼育する家畜の種類も変わることがある。丈が高く、水分含量が高い植物が優占する典型草原では、ウシとウマが多く飼われるが、丈と植物体内の水分含量が低く、場合によって芳香性の強い種や低木が優占する乾燥草原では、ヤギやラクダが中心に飼われることが一般的である。

一方、同じ草原でも、年によって変動する降水量が群落構成種に影響を与えることが多い。きびしい干ばつが一度、あるいは数年にわたって連続して発生した後に、降水量が比較的豊富な年になると、一年草が大量に発生し、群落構成種の割合に大きな変化をもたらす現象が観察された。これは、干ばつのダメージに対する草原群落の遷移（環境変化が主因で同一場所の植生が変化すること）反応であろう。

草原群落の生産力と遊牧

地球上のすべての動物は従属栄養生物で、太陽エネルギーを直接に生命活動に利用することができないので、植物が光合成で固定した太陽エネルギーを直接的、あるいは間接的に利用している。人間も動物の一員なので例外ではない。しかし、エネルギーの第二次の源である植物の入手と利用の様式は、自然条件によって大きく異なる。氷河期以降、人間が自ら必要とする植物を育てる農業が発達し、世の中の主流となってきたが、それは温暖な気温と充分な降水量が前提となる。降水量が少なく、かつ、その変動が大きい乾燥と半乾燥地帯では、植物の生産力も空間的および時間的に変動が大きい。そのような環境の中で、人間の食料になる作物の大規模な栽培を行うと、土地の退化につながるケースが多い。1930年代に北米の大草原で発生した耕作を原因とした砂嵐は、大きな教訓として人類の歴史に刻まれた。一方、家畜を移動しながら、自然植生の生産力が大きい場所を利用する生産様式である遊牧は、乾燥、半乾燥地の一部地域で長きにわたり展開されてきた。およそ5000年の遊牧の歴史を持つと言われているモンゴル高原が、その代表的な場所のひとつである。

モンゴルでは、草原の生産力が時間軸にそって波打つように変動していることがわれわれの調査結果によって示された。これは調査地の地形、土壌、気候などの非生物的な要因によって描き出された波で、いわば植生が映し出した自然の波である。柵の外側の草原群落では、上述の非生物的な要因のほかに、生物的な要因である家畜の放牧圧が同時に働いている。遊牧のモンゴル草原では家畜が採食した後の草原の現存量が柵内と同じリズムの変動を描いている。われわれの調査結果では、2003年の乾燥草原を除いて、生産力が高い年に限って、柵外群落の地上部現存量が有意に減少していたが、生産力が低い年には柵内と柵外の群落の地上部現存量の差は小さかった。つまり、同じ草原でも生産力の高い年には草が集中的に利用されるが、生産が低い年には敬遠されていることが示唆された。

草原の生産力は時間的だけではなく、空間的にも異なる。そのため、遊牧による草原の利用形態が場所によっても異なる。生産力が異なる草原で同じ数の家畜を養うには、年間で移動する距離が異なってくる。生産力が比較的高い典型草原では、家畜の数が多くても季節移動の年間積算距離が600 km 以内であったのに対して、生産力が低い乾燥草原では、少ない数の家畜を持ちながらも、長い距離を移動しているケースが多く、最大年間移動距離が1000 km に達していた。この結果によって、同じ数の家畜を持っていた場合、植生の生産力が高い草原にくらべて生産力が低い草原でより多く移動をしている傾向が示された。草原植生のこのような時空変動に合わせた利用の仕方が、草原生態系の持続性には重要な意味を持っていると考えられる。

牧草がたくさん生えている場所に家畜を放牧する、一見誰でもわかる単純なことであるが、このような単純なことが忘れられたり、軽視されたりすることで草原生態系が退化するケースが多い。2006年の夏、内モンゴルのゴビ地域に調査で訪ねたときのことであるが、現地の行政幹部から、「どうすれば草原退化の問題が解決できるか」との相談を受けた。定住政策が進められているこの地域では、連年の干ばつによって草原の生産力が低下していたにもかかわらず、草原の請負政策によって移動放牧が事実上禁止されたため、牧草の絶対的な量が不足する中でもつねに同じ場所に放牧せざるを得なかった。その結果、畜産業がダメージを受けるだけではなく、草原植生の退化が促されていた。このような被害が生じた原因は「干ばつ」と「定住」の２つのキーワードで説明できる。植生に及ぼす「干ばつ」、そして放牧圧の強度と頻度を高める「定住」による二重の打撃が、草原生態系の退化をもたらした。人間には草原に及ぼす自然要因の影響を変えることができなくても、移動することで生物的な要因を変えることが可能である。しかし、その可能性が内モンゴルで「定住」政策によって打ち切られていた。これは自然の法則に反したことにより被害がもたらされた典型的な事例である。

遊牧と家畜の採食嗜好性

植物に対する家畜の採食嗜好性は、基本的に単子葉の種に偏る傾向があるが、双子葉の種が比較的多いわれわれの調査地の典型草原では、家畜の放牧により双子葉種の現存量が大きく減少することがあった。たとえば、家畜の影響が排除された柵の中で家畜の嗜好性が低いタデ科の植物が年によって高さが180 cm を超えることもあったが、柵外では生産の高い年でも100 cm 前後であった。このような柵内外の現存量の差は、家畜の採食というよりも、踏みつけ等の物理的な損傷によるものと考えられる。

乾燥草原では、単子葉の種の生産量が多い年に、柵の外では植物の現存量が有意に減少するが、採食嗜好性が低い種が増えても採食されないため、柵外群落の現存量が柵内群落より高い現象が生じる。たとえば、2003年に家畜による嗜好性が低い遷移先駆種のアカザの一種である一年草が大量に発生したが、草原の生産力と家畜の採食量が相関しないケースが見られた。家畜にとって、すべての植物が美味しく食べられるとは限らないので、たくさんあっても採食されなければ植物は減少しない。

植物体内の化学成分は季節的に変化するため、同じ種の植物でも家畜の採食嗜好性が季節により異なることが多い。たとえば、モンゴルで草原の春を告げる花として広く知られているオキナグサの仲間の場合、春先には家畜の採食嗜好性が高いが、その後は徐々に減少する傾向がある。また、ヨモギの仲間の多くは、生きたままだと強烈な揮発性物質を放出するため、家畜が近付こうとしないが、枯れた後は普通に採食することが観察されている。植物の繁殖プロセスを促進し、あるいは採食者から身を守るための化学物質が、秋に枯れていくにつれて植物の体内で減少し、家畜の嗜好性が上がるのであろう。したがって、温暖な季節に採食されなかった植物が、寒い季節に抵抗なく採食されるケースがよくみられる。遊牧民にとって、植物に対する家畜の嗜好性は牧草地を決める重要な基準のひとつであり、季節による嗜好の変動に合わせることは基本とも言える。

強い採食圧は、家畜の嗜好性の高い種の優占度を低下させることが従来の研究で明らかになっている。われわれの調査した遊牧の草原では、いずれも採食圧による嗜好性の高い種の数の低減が見られなかった。家畜の採食量と嗜好性を総合的に考慮し、長期にわたって一カ所に集中する放牧を避けることによりこのような結果になったのであろう。

草原の持続性と遊牧

人間の力では草原の生産力に強く影響力を持つ地形、土壌、気温、降水量などの非生物的な要因を完全制御することはできないが、家畜の採食のような生物的な要因の働きはコントロールすることができる。このような考えが遊牧の原点であろう。

われわれの調査結果は、遊牧が変動に富む気候条件と植生の生産力に適した生業であることを示してくれた。遊牧民はつねに家畜が好む種の生産力が高い草原で放牧を行うことを目指している。逆に、家畜が好む種の生産力が低い草原は一時的に放牧圧から解放されることとなる。つまり、干ばつなどの自然要因が草原に及ぼす負の影響が強い時と場所では家畜の放牧を避け、草原にかける生物的な圧力を低減するのである。

家畜の採食と踏みつけによる影響に対する遊牧のこのような調節機能が、モンゴル草原生態系がこれまで持続的に利用されてきた理由と考えられる。

明日の遊牧に向けて

モンゴル高原のような乾燥気候が卓越する環境では、降水量が植物の生産力を決める最も大きい要因であるが、水さえ確保できれば問題が解決されるというような単純な話でもない。モンゴルには井戸が少ないという話をよく耳にする。地下水の貯蔵量を言えば、現在モンゴルに生きている人間と動物にとって決して足りないものではない。母が少女時代に冬の遊牧をしていたメネン草原にもおそらく地下水脈があると考えられる。しかし、すべての水脈に井戸が掘られて水の制限が解消されると、家畜の数が増えて草原生態系にもたらす採食圧の影響が大きくなるだろう。あえて井戸を掘らないことにも理由があるのであろう。

人間に乳や肉を提供する家畜自身が健康であるかどうかは大変重要なことである。家畜にとっては、牧草の質と量がその健康を大きく左右する。モンゴルで記録されている2443種の高等植物のうち、およそ600種が家畜の嗜好性が高い牧草であると言われている。植物が生育する温暖な季節は、主食のような味が淡白なイネ科の植物と、おかずのように味と香りが豊かな双子葉の植物を、基本的に自由に、好きな量を採食することができる。このように自分の意志で採食することは、家畜の健康にとって大きなメリットがある。また、日帰り放牧と季節移動のような運動が、肉体的および精神的な健康の維持に大きな役割を果たしている。経験がある人は知っているが、遊牧で飼育した家畜の乳と肉の味は、舎飼いした家畜よりも、一段と風味が豊かである。

今日の世の中では、ほとんどの肉と乳製品が大量生産の産物である。限定された種類の餌、生産力を上げるために投与される成長ホルモン、運動ができない狭い空間、命の基本が無視された家畜に健康な製品を求めるのは、間違っているのではなかろうか？　大量生産を生み出した市場経済の観点からみれば、モンゴルの遊牧は粗放的で効率が低いと思われるであろう。しかし、持続可能な自然環境と安全な食料が人間社会の持続性の基本であることを忘れてはならない。

水と草の制約を受ける遊牧には社会的な不安定さが伴っている。そのような不安定さによって、遊牧民たちが子供の教育を始め、医療、文化など、社会的な生活の面でさまざまな困難に直面してきたことも事実である。自然環境の持続性と社会生活の安定性を両立することが、これからの課題となる。

(ナチンションホル　G. U.)

関連年表—モンゴル族出現以降のモンゴル高原史

西暦	事　　項
	〔7～10世紀〕モンゴル族の先祖「蒙兀室韋」、アムール川上流域で活動を始める。
916	契丹族の耶律阿保機が契丹（遼）国を建て、皇帝と称す。
926	契丹、モンゴル高原へと進出。
1004	契丹、チン・トルゴイ城を修築し、北辺防備の屯田兵を置く。
	〔11世紀第2四半期〕契丹、北方遊牧部族の侵入の増加から、モンゴル高原東北部に長城を築く。このころモンゴル族もモンゴル高原東部へ進出開始。
1115	女真族の完顔阿骨打が金国を建て、皇帝と称す。
1125	金、契丹を滅ぼす。
1135	モンゴル系諸部族、金国領への入寇を開始。
1162	チンギス（テムジン）誕生（1155、61、67年説あり）。
	〔1170年ごろ〕金、北方遊牧部族に対し長城を築いて専守防衛に徹する。タタルに辺境警備を担当させる。タタルとモンゴルの抗争激化。
	〔1189年ごろ〕チンギス、モンゴル族を統べる。
1196	チンギス「オルジャ河の戦い」でタタル（北ツブ）を破る。
1203	チンギス、ケレイト部族のオン・カンを破る。
1204	チンギス、ナイマン部族など反モンゴル集団を破る。
1206	チンギス、オノン川畔で即位、大モンゴル国（モンゴル帝国）の成立。
1211	チンギス、第1次金国遠征に出撃（このころアウラガの地に国の本拠地「大オルド」が置かれた）。
1212	アルタイ山脈北麓にチンカイ城が築かれる。
1213	チンギス軍が河北、山東半島を蹂躙。
1215	チンギス、金中都を攻略。モンゴル高原へ帰還。
1219	チンギス、中央アジアの強国ホラズム征討に出発。
1220	カラコルムに兵站基地が置かれる。
1225	チンギス、モンゴル高原に凱旋。西夏遠征を開始。
1226	黒水城（黒城・カラホト）落城。
1227	チンギス、寧夏の六盤山で夏営、死去。西夏滅亡。
1228	チンギスの四男トルイ、国政を執る。
1229	チンギスの次男オゴデイ（ウゲデイ・太宗）即位。
1230	オゴデイ・トルイ、第2次金国遠征に出撃。
1234	金国滅亡。
1235	オゴデイ、カラコルムを国都とする。
1241	オゴデイ死去。
1246	オゴデイの子グユク（定宗）即位。
1248	グユク死去。
1251	トルイの子モンケ（憲宗）即位。
1257	モンケ、南宋征伐に出撃。

1259	モンケ、四川の陣中にて病没。
1260	トルイの子クビライ（世祖）内モンゴルで即位。弟アリク・ブケもカラコルムで即位し、帝位争奪戦争勃発。
1264	アリク・ブケ、クビライに投降。
1267	クビライ、金中都郊外に新都（大都）着工。
1271	クビライ、国号を「大元」とする。
1279	南宋滅亡。
	〔1340 年ごろ〕たびたび黄河が氾濫。民衆疲弊する。
1351	紅巾の乱勃発。
1368	朱元璋が明を建国。明軍北進、第 14 代君主トゴン・テムル（順帝)、大都を放棄してモンゴル高原に北帰。元朝滅亡。
1388	トクズ・テムル（天元帝）暗殺され、クビライ家の王統が断絶する。オイラト傀儡政権の誕生。
1454	オイラトのエセン殺される。以後、君主の空位や廃立が短期間に繰り返され、政治が乱れる。
	〔15 世紀後半〕モンゴル族が河套地域に入寇を開始。
1457	モンゴル高原を飢饉が襲う。このころ寒冷化強まる。
	〔15 世紀末～16 世紀初〕モンゴル族のオルドス地域移住が本格化、アウラガ放棄。
1616	ヌルハチ、女直（女真）各部をまとめ、後金国を建てる。
1632	後金のホンタイジ、モンゴル君主リグダンを攻撃（34 年死去)。
1635	内モンゴル、後金の支配下に。
1636	ホンタイジ（太宗)、大清皇帝に即位。
1644	明滅亡。
1691	外モンゴル、清朝の支配下に。
1911	辛亥革命で清朝滅亡。外モンゴル独立を宣言、活仏ボグト・ハーン政権樹立。
1921	モンゴル人民革命勃発。
1924	外モンゴルにモンゴル人民共和国が成立。
1931	満洲事変、日本軍のモンゴルへの進出活発化。
1933	外モンゴルで知識人や僧侶に対する弾圧・粛清激しくなる。
1937	内モンゴルに蒙古連盟自治政府が成立。
1939	ノモンハン事件（ハルハ川戦争）勃発。
1947	内モンゴルに共産党による内モンゴル自治区成立。1949 年、中華人民共和国に参加。
1959	外モンゴルで遊牧民の集団化が進み、ネグデル（協同組合）を組織。
1972	モンゴル、日本と国交樹立。
1990	外モンゴルで民主化運動、市場経済への移行。
1992	モンゴル人民共和国、新憲法を制定し、国号を「モンゴル国」と改める。
2004	モンゴル国、経済成長率 10.6％を記録（国家統計局発表)。

参考文献

【Ⅰ－2】

小泉博・大黒俊哉・鞠子茂（2000）『草原・砂漠の生態』共立出版。

篠田雅人（2009）『砂漠と気候 改訂版』成山堂書店。

篠田雅人編（2009）『乾燥地の自然』乾燥地科学シリーズ第2巻、古今書院。

林一六（1990）『植生地理学』大明堂。

ブリッジズ，E. M.（永塚鎮男・漆原和子訳）（1990）『世界の土壌』古今書院。

ラルヘル, W（佐伯敏郎監訳）（1999）『植物生態生理学』シュプリンガー・フェアラーク東京。

ミレニアム生態系評価（2005a）：Millennium Ecosystem Assessment（2005a）chapter 22：Dryland Systems, *Ecosystems and Human Well-being：Current State and Trends*, Islands Press.

ミレニアム生態系評価（2005b）：Millennium Ecosystem Assessment（2005b）*Ecosystems and Human Well-being：Desertification Synthesis*, World Resources Institute.

ウォルター（1985）：Walter, H.（1985）*Vegetation of the Earth*. 3rd ed., Springer-Verlag.

【Ⅰ－3】

バザルグル（2005）：Bazargur D.（2005）*Belcheeriin mal aj ahuin gazarzui*, Mongol Ulsiin Shinjleh Uhaanii Akademi Gazarzuin Hureelen, Ulaanbaatar.

バザルグルほか（1989）：Bazargur D., Shiirev-Adiya S., Chinbat B.（1989）*Bugd Nairamdah Mongol Ard Ulsiin Malchdiin Nuudel. Ulsiin Hevleliin Gazar*, Ulaanbaatar.

ジグジドスレン（2003）：Jigjidsuren S.（2003）*Forage Plants in Mongolia*. Ulaanbaatar.

ウルジートクトフ（1985）：O'lziitogtokh N.（1985）*Bugd Nairamdah Mongol Ard Ulsiin Belcheer Hadlan dahi Tejeeliin Urgamal Tanih Bichig*（Identification Book for Forage Plants of Mongolian People's Republic）.

佐藤ほか（2007）：Sato T., Kimura F., Kitoh A.（2007）Projection of global warming onto regional precipitation over Mongolia using a regional climate model. *Journal of Hydrology*, Vol. 333-1, pp. 144-154.

ツェレンダシ（2001）：Tserendash S.（2001）*Report of the research institute of animal husbandry for project* TCP/MON/0066, Research Institute of Animal Husbandry of Mongolia, Ulaanbaatar.

ユナトフ（1968）：Yunatov A. A.（1968）*Bugd Nairamdah Mongol Ard Ulsiin hadlan bilcheer deh tejeeliin urgamluud*, Ulaanbaatar.

ユナトフ（1976）：Yunatov A. A.（1976）*Bugd Nairamdah Mongol Ard Ulsiin urgamlan no'morgiin undsen shinjuud*, Ulaanbaatar.

【Ｉ—4】

今西錦司（1974）「遊牧論」『今西錦司全集』2、214-243 頁、講談社（初出は 1948 年）。

梅棹忠夫（1965）「狩猟と遊牧の世界（上・下）」『思想』2 月号、10-29 頁、4 月号、66-88 頁。

在来家畜研究会編（2009）『アジアの在来家畜：家畜の起源と系統史』名古屋大学出版会。

谷泰（1997）『神・人・家畜—牧畜文化と聖書世界』平凡社。

藤井純夫（1999）『ムギとヒツジの考古学』同成社。

フラッドほか（2007）：Flad, R., Jing, Y., and S. Li,（2007）Zooarcheological evidence of animal domestication in northwest China. *In Late Quaternary Climate Change and Human Adaptation in Arid China*,（Madsen, D. B., Chen, F-H., Gao, X. 編）pp. 167-203. Elsevier, Amsterdam.

ゼダーほか（2006）：Zeder, M. A., Badley, D. G., Emshwiller, E. & Smith, B. D. (eds),（2006）*Documenting Domestication: New Genetic and Archaeological Paradigms.* University of California Press, Berkley.

【Ｉ—5】

アンほか（2008）：Cheng-Bang An, Fa-Hu Chen, Loukas Barton（2008）Holocene environmental changes in Mongolia：A review. *Global and Planetary Change* 63, pp. 283-289

【Ｉ—6】

秋山知宏（2007）『中国乾燥地域の黒河流域における地下水涵養機構と水利用に関

する研究』2006年度名古屋大学環境学研究科博士論文。

井上充幸（2007）「清朝雍正年間における黒河の断流と黒河均水制度について」（井上充幸，加藤雄三，森谷一樹編）『オアシス地域史論叢—黒河流域2000年の点描—』松香堂、173-192頁。

榧根勇（2006）「健全な水循環の確保」『現代中国環境基礎論—人間と自然の統合—』愛知大学21世紀COEプログラム国際中国学研究センター、69-74頁（http://iccs. aichi-u.ac.jp/report/018/018_06.pdf）。

窪田順平（2007）「黒河流域の自然と水利用」（中尾正義，フフバートル，小長谷有紀編）『中国辺境地域の50年—黒河流域の人びとから見た現代史』東方書店、21-40頁。

杉田倫明（2003）「水循環プロセスと生態系との係わり—水文学からみたモンゴル高原」『科学』73、559-562頁。

ダワーほか（2006）：ダワー，G.，D. オユンバータル，杉田倫明（2006）「モンゴル国の地表水」（小長谷有紀編）『モンゴル環境保全ハンドブック』国立民族学博物館、43-54頁。

辻村真貴（2007）「草原の水循環」（中村徹編）『草原の科学への招待』筑波大学出版会、67-78頁。

樋口覚（2005）『環境トリチウムおよび3次元流動シミュレーションを用いたモンゴル・ヘルレン川流域における地下水流動解析』熊本大学大学院自然科学研究科修士論文。

山崎祐介（2006）『中国北西部の乾燥地域における灌漑農業開発が水循環に及ぼす影響に関する研究』2005年度京都大学農学研究科博士論文。

秋山ほか（2007）：Akiyama, T., Sakai, A., Yamazaki, Y., Wang, G., Fujita, K., Nakawo, M., Kubota, J., Konagaya, Y.（2007）Surfacewater-groundwater interaction in the Heihe River basin, Northwestern China, *Bulletin of Glaciological Research*, 24, pp. 87-94.

ペンマン（1948）：Penman, H. L.（1948）Natural evaporation from open water, Bare soil and grass, *Proceedings of the Royal Society of London. Series A, Mathematical and Physical Sciences*, 193, pp. 120-145.

シャルフー（2001）：Sharkhuu, N.（2001）Dynamics of permafrost in Mongolia. *Tohoku Geophysical Journal*（*Science Reports of Tohoku Univ., Series 5*）36, pp. 91-99.

辻村ほか（2007）：Tsujimura, M., Abe, Y., Tanaka, T., Shimada, J., Higuchi, S.,

Yamanaka, T., Davaa, G., Oyunbaatar, D.（2007）Stable isotopic and geochemical characteristics of groundwater in Kherlen River basin, a semi-arid region in eastern Mongolia, *Journal of Hydrology*, 333, pp. 47-57.

王・程（1999）：Wang, G., Cheng, G.（1999）Water resource development and its influence on the environment in arid areas of China：The case of the Hei River basin, *Journal of Arid Environments*, 43, pp. 121-131.

山中ほか（2007）：Yamanaka, T., Kaihotsu, I., Oyunbaatar, D., Ganbold, T.（2007）Summertime soil hydrological cycle and surface energy balance on the Mongolian steppe. *Journal of Arid Environments*, 69, pp. 65-79.

【Ⅱ―1】

内田吟風（1975）「古代遊牧民族の農耕国家侵入の真因―特に匈奴史上より見たる―」『北アジア史研究―匈奴篇―』（東洋史研究叢刊 28-1）1-27 頁（初出『ユーラシア学会研究報告Ⅲ・古代遊牧民族の農耕国家侵入の真因』1955）。

佐藤武敏編（1993）『中国災害史年表』国書刊行会。

竺可楨（1972）「中国近五千年来気候変遷的初歩研究」『考古学報』第 1 期、15-38 頁。

白石典之（2002）『モンゴル帝国史の考古学的研究』同成社。

鈴木秀夫（1990）『気候の変化が言葉をかえた 言語年代学によるアプローチ』（NHK ブックス 607）。

永田諒一（2008）「気候は歴史学研究の分析要因となりうるか？―ヨーロッパ近世の小氷期の場合」『史林』92-1、214-239 頁。

林俊雄（1985）「掠奪・農耕・交易から観た遊牧国家の発展―突厥の場合―」『東洋史研究』44-1、110-136 頁。

松田孝一（1978）「モンゴルの漢地統治制度」『待兼山論叢』11 号、33-54 頁。

松田孝一（1983）「ユブクル等の元朝投降」『立命館史学』4、28-62 頁。

松田孝一編（2000）『東アジア経済史の諸問題』阿吽社。

松田孝一（2006）「セルベン・ハールガ漢文銘文とオルジャ河の戦い」白石典之編『モンゴル国所在の金代碑文遺跡の研究』（平成 16～17 年度科学研究費補助金基盤研究（C）研究成果報告書）28-46 頁。

松田孝一編（2008）『内陸アジア諸言語資料の解読によるモンゴルの都市発展と交通に関する総合研究』（平成 17 年～19 年度科学研究費補助金基盤研究（B）研究成果報告書）。

松田寿男（1964）「絹馬貿易についての覚書」『内陸アジア史論集』第1冊、内陸アジア史学会、1-14頁。
村上陽一郎（1983）『ペスト大流行』岩波書店。
吉野正敏（1982）「歴史時代における日本の古気候」『気象』26-4、11-15頁。
ダーデス（1972-73）：Dardess J. W.（1972-73）From Mongol Empire to Yuan Dynasty：Changing Forms of Imperial Rule in Mongolia and Central Asia, *Monumenta Serica*, 30, pp. 117-165.
フレッチャー（1986）：Fletcher J. J.（1986）The Mongol：Ecological and Social Perspectives, *Harvard Journal of Asiatic Studies*, Vol. 46, pp. 11-50.
ジェンキンス（1974）：Jenkins G.（1974）A Note on Climatic Cycles and the Rise of Chinggis Khan, *Central Asiatic Journal*, Vol. 13-4, pp. 217-226.

【Ⅱ―2】

小畑弘己（2008）「種実資料からみた北東アジアの農耕と食」『特集　北東アジアの中世考古学』（アジア遊学）107、50-61頁、勉誠出版。
小畑弘己（2009）「東北アジアの古代・中世の農耕―漠北の農耕と栽培植物：アウラガ遺跡資料を中心として―」『加藤晋平先生喜寿記念論文集　物質文化史学論聚』177-202頁、北海道出版企画センター。
加藤晋平（2004）「アウラガ遺跡における焼飯儀礼について」『博望』5、1-13頁、東北アジア古文化研究所。
河内良弘（1992）『明代女真史の研究』同朋舎出版。
小長谷有紀（2003）「生まれ変わる遊牧論―人と自然の新たな関係をもとめて―」『科学』73-5、520-524頁、岩波書店。
阪本寧男（1988）『雑穀のきた道―ユーラシア民族植物誌から―』NHKブックス546。
白石典之（2002）『モンゴル帝国史の考古学的研究』同成社。
白石典之（2008）「平成19年度モンゴル国アウラガ遺跡発掘調査」『北東アジア中世遺跡の考古学的研究』（平成19年度文部科学省科学研究費補助金特別研究促進費：課題番号199900115，研究成果報告書）6-7頁、札幌学院大学。
白石典之編（2007）『アウラガ遺跡2006年度調査概要報告書』（平成18年度科学研究費補助金基盤研究（A）途中経過報告書）新潟大学超域研究機構。
松田孝一（2007）『内陸アジアと諸言語資料の解読によるモンゴルの都市発達と交通に関する総合研究』（平成17年度～19年度科学研究費補助金基盤研究（B）

ニューズレター 02）大阪国際大学。
松田孝一・白石典之(2008)「モンゴル高原における都市成立史の概略―匈奴時代～モンゴル時代―(増補版)」『内陸アジア諸言語資料の解読によるモンゴルの都市発達と交通に関する総合研究』(平成17年～19年度科学研究費補助金基盤研究（B）研究成果報告書：課題番号 17320113）1-19頁、大阪国際大学。
藤田昇（2003)「草原植物の生態と遊牧地の持続的利用」『科学』73-5、563-569頁、岩波書店。
忽思慧（金世琳訳）（1993）『薬膳の原点　飲膳正要』八坂書房。
ロッシュほか（2005）：Rosch M., Fischer F., Markle T.（2005）Human diet and land use in the time of the Khans—Archaeobotanical research in the capital of the Mongolian empire, Qara Qorum, Mongolia. *Vegetation History and Archaeobotany*. 14, pp. 485-492.
セルグーシェワ（2002a）：Сергушева Е. А.（2002a）Опыт изучения семян культурных растений со средневековых городищ Приморья. //*Археологья и культурная антропология Дольнего Востока и Центральной Азии*. с. 187-200. Владивосток.
セルグーシェワ（2002b）：Сергушева Е. А.（2002b）Кулытурные растения Бохайского городища Горбатка（Приморский край）по палеоэтноботаническим данным. //*Седьмая Дальневосточная конференция молодых историков*. с. 223-231. Владивосток.
張景明（2008）『中国北方遊牧民族飲食文化研究』文物出版社。
朱国忱・魏国忠（1984）『渤海史稿』黒龍江省文物出版編輯室。
張碧波・薫国堯（1993）『中国古代北方民族文化史　民族文化巻』黒龍江人民出版。
韓茂莉（2006）『草原与田園―遼金時期西遼河流域農牧業与環境』三聯書店。
呉文銜・張泰湘・魏国忠（1987）『黒龍江古代簡史』北方文物雑誌社。

【Ⅱ―3】

白石典之（2002）『モンゴル帝国史の考古学的研究』同成社。
白石典之（2006）『チンギス・カン"蒼き狼"の実像』中公新書。
スンチュガシェフ Ya. I.（1979）『ハカシアの古代金属生産―鉄器時代―』ナウカ(ロシア語)。
村上恭通・笹田朋孝（2008）「モンゴル帝国の鉄器生産―アウラガ遺跡の調査成果を中心として―」『日本考古学協第74回総会　研究発表要旨』日本考古学協会、

106-107頁。

【Ⅱ－4】

岩井茂樹（1996）「十六・十七世紀の中国辺境社会」小野和子編『明末清初の社会と文化』京都大学人文科学研究所、625-659頁。
小畑弘己（2008）「種実資料からみた北東アジアの農耕と食」『極東先史古代の穀物』3、熊本大学埋蔵文化財調査室、183-211頁。
斉烏雲ほか（2007）「炭化植物遺体や湖底堆積物から見た黒河下流域における西夏時代の農業及び自然環境」『オアシス地域研究会報』6巻2号、169-179頁。
白石典之（2006）『チンギス・カン　“蒼き狼”の実像』中公新書。
竹村茂昭（1941）「蒙古民族の農牧生活の実態」『食糧経済』7巻10号、56-76頁。
田山茂（1954）『清時代に於ける蒙古の社会制度』文京書院。
林俊雄（2007）『興亡の世界史02　スキタイと匈奴　遊牧の文明』講談社。
藤井純夫（2001）『ムギとヒツジの考古学』同成社。
三田村泰助（1990）『世界の歴史14　明と清』河出文庫。
南満洲鉄道株式会社調査課（1914）『満洲旧慣調査報告書　蒙地』
村上信明（2007）『清朝の蒙古旗人　その実像と帝国統治における役割』風響社。
ラティモア，O.（後藤冨男訳）（1940）『農業支那と遊牧民族』生活社。
盧明輝 主編（1994）『清代北部辺疆民族経済発展史』黒龍江教育出版社。
［明］兵部（1569）『九辺図説』
孟珙［宋］『蒙韃備録』
那彦成（1834）『那文毅公奏議』
王玉海（2000）『発展与変革—清代内蒙古東部由牧向農的転型』内蒙古大学出版社。
蕭大亨（1594）『北虜風俗』
李延墀・楊実（1933）『察哈爾経済調査録』新中国建設学会。
姚錫光（1908）『籌蒙芻議』
貽穀［清］『準噶爾墾務奏稿』
張永江（1998）「論清代漠南蒙古地区的二元管理体制」『清史研究』1998-2、29-40頁。

【Ⅱ－5】

尾崎孝宏（2003）「モンゴル国における移動・牧畜・近代国家—オンゴン・ソムの事例—」岡洋樹・高倉浩樹・上野稔弘編『東北アジアにおける民族と政治』東

北大学東北アジア研究センター、72-88 頁。

尾崎孝宏（2006）「モンゴル国東部牧畜地域における開発と移住」伊藤亜人先生退職記念論文集編集委員会編『東アジアからの人類学―国家・開発・市民―』風響社、207-222 頁。

後藤富男（1968）『内陸アジア遊牧民社会の研究』吉川弘文館。

柏原孝久・濱田純一（1919）『蒙古地誌　下巻』冨山房。

鈴木由紀夫（2008）「モンゴルの遊牧と鉱物資源開発」『日本とモンゴル』42（2）、57-65 頁。

モンゴル科学アカデミー歴史研究所編著（二木博史・今泉博・岡田和行訳）（1988a）『モンゴル史　1』恒文社。

モンゴル科学アカデミー歴史研究所編著（二木博史・今泉博・岡田和行訳）（1988b）『モンゴル史　2』恒文社。

安田靖（1996）『モンゴル経済入門』日本評論社。

モンゴル国立統計局（2003）：National Statistical Office of Mongolia（2003）*Mongolian Statistical Yearbook 2002*, National Statistical Office of Mongolia.

モンゴル国立統計局（2005）：National Statistical Office of Mongolia（2005）*Mongolian Statistical Yearbook 2004*, National Statistical Office of Mongolia.

スニース（1999）：Sneath, D.（1999）“Spacial Mobility and Inner Asian Pastoralism”, in Caroline Humphrey and David Sneath, *The End of Nomadism? Society, State and the Environment in Inner Asia*, Duke University Press, pp. 218-277.

モンゴル国家統計局（1996）：State Statistical Office of Mongolia（1996）*Agriculture in Mongolia 1971-1995*, State Statistical Office of Mongolia.

ブリーランド（1953）：Vreeland, H. H.（1953）*Mongol Community and Kinship Structure*, HRAF.

ソノムダグワ（1998）：Сономдагва, Ц.（1998）*Монгол Улсын Засаг, Захиргааны Зохион Байгуулалтын Өөрчлөл, Шинэчлэл*, Үндэсний Аривын Газар.

リンチェン（1979）：Ринчэн, Б.（1979）*Монгол Ард Улсын Угсаатны судлал, Хэлний Шинжилгээний Атлас.* Улаанбаатар：БНМАУ-ын ШУА-ийн Хэл зохиолын хүрээлэн, БНМАУ-ын ШУА-ийн Газар зүй, цэвдэг судлалын хүрээлэн, БНМАУ-ын Сайд нарын Зөвлөлийн Барилга-архитектурын харъяа Улсын гэодези, зураг зүйн газар.

【Ⅲ—1】
岡洋樹（1997）「清代ハルハ＝モンゴルの教訓書の一側面—プレヴジャヴ布告文を中心に—」『内陸アジア史研究』12、23-45頁。
岡洋樹（2007）『清代モンゴル盟旗制度の研究』東方書店。
奥田進一（2005）「中国における草原資源をめぐる権利関係と草原法」（2005年9月17・18日開催の名古屋大学法政国際教育協力研究センター主催シンポジウム「モンゴル遊牧社会と土地所有」における口頭発表レジュメの日本語版）。
奥田進一（2008a）「中国内モンゴルにおける草原利用権の法的課題」『拓殖大学論集』10-1、40-54頁。
奥田進一（2008b）「中国における公益信託による砂漠化防止活動の可能性」（『拓殖大学論集』10-2、66-77頁。
小貫雅男（1982）「近代への胎動—モンゴル東部の一地方、ト・ワン・ホショーの場合—」『歴史科学』90、1-28、35頁。
小貫雅男（1993）『世界現代史4　モンゴル現代史』山川出版社。
北川秀樹編（2008）『中国の環境問題と法・政策』法律文化社。
小長谷ほか（2005）：小長谷有紀・シンジルト・中尾正義編（2005）『中国の環境政策 生態移民』昭和堂。
中国環境問題研究会編（2007）『中国環境ハンドブック2007-2008年版』蒼蒼社。
萩原守（1999）「『ト・ワンの教え』について——九世紀ハルハ・モンゴルにおける遊牧生活の教訓書—」（『国立民族学博物館研究報告別冊』20、213-285頁。
萩原守（2006）『清代モンゴルの裁判と裁判文書』創文社。
萩原守（2009）『体感するモンゴル現代史』南船北馬舎。
森晶寿・植田和弘・山本裕美編（2008）『中国の環境政策　現状分析・定量評価・環境円借款』京都大学学術出版会。
吉川賢（1998）『砂漠化防止への挑戦』中公新書。
ナツァクドルジ（1968）：Нацагдорж, Д.（1968）*ТО ВАН Түүний Сургаал*, Улаанбаатар.

【Ⅲ—2】
小宮山博（2005）「モンゴル国畜産業が蒙った2000～2002年ゾド（雪寒害）の実態」『日本モンゴル学会紀要』35、73-85頁。
篠田雅人（2005）「乾燥地域における土壌水分メモリ—その機能と研究の意義—」『沙漠研究』14、185-197頁。

篠田雅人・森永由紀 (2005)「モンゴル国における気象災害の早期警戒システムの構築に向けて」『地理学評論』78、928-950 頁。
篠田雅人（2007）「気候変動と乾燥地科学」『地学雑誌』116、811-823 頁。
篠田雅人（2009）『砂漠と気候 改訂版』成山堂書店。
森永ほか（2004）：Morinaga, Y., Bayarbaator, L., Erdentsetseg, D., Shinoda, M.（2004）Zoo-meteorological study of cow weight in a forest steppe region of Mongolia. *The Sixth International Workshop Proceedings on Climate Change in Arid and Semi-Arid Regions of Asia*, Ulaanbaatar, Mongolia, 25-26 August 2004, pp. 100-108.

【Ⅲ―3】

石見清裕・森安孝夫（1998）「大唐安西阿史夫人壁記の再読と歴史学的考察」『内陸アジア言語の研究』13、中央ユーラシア学研究会、93-110 頁。
岡洋樹（2007）『清代モンゴル盟旗制度の研究』東方書店。
小長谷有紀 (2005)「中国フロンティア地域における都市的集落の発生と変容―草原フロンティアの場合―」科研費報告書『中国文明のフロンティアゾーンにおける都市的集落の発生と変容―その比較地誌学的研究―』(代表者:戸祭由美夫) 171-190 頁。
小長谷有紀（2007）「モンゴル牧畜システムの特徴と変容」『日本地理学会 E-Journal』2-1、34-42 頁。
小宮山博（2002）「第 3 章　市場経済移行後のモンゴル農牧業の動向」『モンゴル研究会報告書―モンゴル国民経済の基本構造―』日本貿易振興会海外調査部、55-68 頁。
白石典之（2001）『チンギス＝カンの考古学』同成社。
白石典之（2002）『モンゴル帝国史の考古学的研究』同成社。
白石ほか（2009）：白石典之・相馬秀廣・加藤雄三・A. エンフトル（2009）「モンゴル国フンフレー遺跡群の調査とその意義―元代「孔古烈倉」の基礎的研究―」『国立民族学博物館研究報告』33-4、599-638 頁。
日本外務省（2006）「モンゴルに対する無償資金協力（貧困農民支援）について」(http://www.mofa.go.jp/MOFAJ/press/release/18/rls_0124f.html) 平成 18 年 1 月 24 日。
バダムハタン, S.（小長谷有紀訳）(2008)『モンゴル国民族学』地球環境学研究所研究プロジェクト「人間活動下の生態系ネットワークの崩壊と再生人間活動下の生態系ネットワークの崩壊と再生」配布資料（原著はモンゴル語、1996年ウランバートル刊）。
林俊雄（1999）「草原世界の展開」『中央ユーラシアの考古学』同成社、263-339頁。
平井志穂（2008）「モンゴル国における耕種農業発展の可能性と北海道の関わり」（http://www.norpac.or.jp/Research/mongolia/02Mongolia.htm）2008年8月10日。
松田寿男（1964）「絹馬貿易に関する史料」『内陸アジア史論集』第1冊、内陸アジア史学会、1-14頁。
松田孝一・白石典之（2007）「モンゴル高原における集落・都市成立史の概略」『内陸アジア諸言語資料の解読によるモンゴルの都市発展と交通に関する総合研究（課題番号：17320113）』科研費ニューズレター01、1-14頁。
森安孝夫（2007）『シルクロードと唐帝国』（興亡の世界史05）講談社。

おわりに

モンゴルの歴史・自然を研究するものとして、昨今の当地における環境破壊は見過ごすことができないほど深刻化している。大気汚染、水質汚濁、過重な放牧、どれも一昔前のモンゴルでは考えられなかった事柄である。自然の恵みに大きく依存するモンゴルの人たちは、人一倍自然環境を大切にしてきた。そして、史実かどうかは別として、尊敬する民族の英雄チンギス・カンの遺訓というかたちで、自然破壊を強く戒める言葉の数々を、世代を超えて伝えてきた。だが、それがいま、無視されようとしている。

なにかアクションを起こさなければ、取り返しのつかない事態になる。そんな切迫感のなかで、われわれなりに考え、たどりついたひとつのかたちが、本書である。原点からモンゴルの環境問題を考えてみたい、そんな思いで『チンギス・カンの戒め』をメインタイトルにした。

*　*　*

私自身、かねてからモンゴルの環境問題には興味をもっていたが、具体的に始めたのは、京都にある総合地球環境学研究所が公募した2005年度インキュベーション研究に「人間活動と環境変化の相互作用からみたモンゴル高原における遊牧王朝興亡史の研究」を応募し、採用されたのがきっかけである。翌年には同研究所の予備研究として規模を拡大し、同時に、日本学術振興会科学研究費補助金・基盤研究（A)「モンゴル帝国興亡史の解明を目指した環境考古学的研究」として研究を遂行することができた。本書はそれらの参加者の成果の一部をまとめたものである。これらのプロジェクトには、延べ40名ほどの研究者にご参加いただいたが、そのなかから、とくに深く関わってくださった12名の方々にお願いし、研究成果を掲載させていただくことにした。

本書は3部構成、15の章から成る。第1部は「草原を知る」と名付けた。ここでは草原というものがいかなるものなのか、それが地球環境や人間生活にどのような役割を果たしているのかを、さまざまな専門の立場からご紹介いただいた。第2部は「草原に暮らす」とした。ここでは主に歴史学の立場から、13世紀のモンゴル帝国出現以降のモンゴル草原での人間活動について通時的に論じてもらった。第3部の「草原を活かす」では、脆弱であるにもかかわらず、長いこと人間がストレスをかけ続けてきた草原を、いかに涵養し、そこに暮らす人びとの持続的かつ発展的な社会の創出につなげるか、その展望を述べてもらった。

編者として執筆者ならびに読者の方々にお詫びしなければならないことがある。せっかく原稿をいただきながら、紙面の関係で大幅に削除、あるいは図表・写真などをカットしなければならなかったことだ。もし文中に図表がなくて、難解な箇所があったとしたら、それはひとえに編者の責任である。こころよりお詫び申し上げる。興味を抱かれたならば、ぜひとも巻末に掲げている参考文献にあたっていただきたい。

＊　＊　＊

残念ながら、本書で触れることができなかった重要な事柄がある。ひとつは、遊牧王朝の興亡と環境変化との因果関係を、最新の自然科学データから考えるということである。たとえば、チンギス・カンが登場し、強大なモンゴル帝国が成立したときの環境はどうであったか。それが強大化とどのように絡んでいたのか。かつては環境決定論として歴史学者からは煙たがられてきたこのような視点も、ヴィヴィッドな歴史叙述に、いまや欠くことはできない。

本書では村田論文と松田論文でこの問題を扱っている。前者では前代にくらべて徐々に乾燥化は進みつつあった時期だったことを珪藻分析から、後者では寒冷な時期であったことを文字資料から推定している。

ところが、アメリカの人類学者ブライアン・フェイガン氏は、最近出た彼の著書（『千年前の人類を襲った大温暖化』東郷えりか訳、2008年、河出書房新社）のなかでつぎのように述べている。中世、中央ユーラシアをおそった極端な温暖化・乾燥化が草原資源を枯渇させたため、遊牧民たちは周辺地域に侵攻を開始したのだと。

その根拠のひとつになっているデータに、モンゴル中西部のハンガイ山地中で収集されたおよそ1700年前までさかのぼることのできる年輪試料がある。ご存じのように樹木の年輪は１年ごとに刻まれているが、その幅は、その年が温暖や湿潤であると広くなり、逆に寒冷や乾燥だと狭くなる。この原理を利用し、ほかの指標などと比較検討しながら、過去の気候を想定する。それによると、12世紀から13世紀前半は、温暖・乾燥期であったというのだ。

ベストセラー本のインパクトは大きい。フェイガン氏の説は現在、一般読者の方々には広く受け入れられつつあるようだ。しかし、じつはそんなに単純な問題ではない。たとえば、中央アジアのバルハシ湖やアラル海では13世紀前半に極端な水面低下があったことが湖底堆積物の内容と年代測定結果から明らかになっている。これは一見すると乾燥化の結果とも考えられるが、水源であるパミール高原などが寒冷であったため、氷河から河川への流出量が減り、その水が流れ込む湖沼の水面低下を招いたとの研究もある（そのあたりの詳細については、遠藤邦彦ほか「バルハシ湖2007年コアに基づく水位変動の推定—予報—」『オアシス地域研究会報』2009年、7巻1号、1-9頁を参照のこと)。

当時の旅行記の記述をみても、現在は盛夏に雪をいただいていないモンゴル高原の山々にも、冠雪があったとの記述がある。初霜や初氷も若干いまより早いことがわかる。かならずしも温暖期だったと決めることはできないのではないか。

チンギス勃興期当時の気候復元については、現在われわれ独自の方法でデータを蓄積中である。本書には間に合わなかったが、つぎの機会には成果をご披露できるのではないかと考えている。乞うご期待。

＊　＊　＊

もうひとつ、触れられなかったことがある。それは鉱山開発をめぐる問題である。銅や金山、石炭をはじめ、ウラン、石油、種々のレアメタルなど、豊富な地下資源の存在が注目されているモンゴル。高い経済成長の牽引役と期待されているが、反面で環境には深刻な影を落とし始めている。

モンゴルは今、ゴールドラッシュである。世界一ともいわれる金の埋蔵量を誇り、1000ヵ所にもせまる数の鉱山および有望な埋蔵地が知られている。モンゴルの国内法により、地下資源の採掘には政府のライセンスが必要であるが、民主化以降の経済政策の混乱、貧富の差の拡大などで、実際には非合法の採掘が増加している。まさに一攫千金を夢見て、普通の遊牧民たちも、鉱脈探しに熱をあげている。

そのような個人採掘は手掘りで、もちろんのこと精錬設備は持ち合わせていない。昨今、モンゴルの新聞をみると、「ムングン・オス」という単語を目にすることが増えてきた。直訳すると「銀の水」で、水銀のことである。この水銀が個人採掘による精錬には欠かせないのだ。

金を含む石英脈を採掘すると、それらを粉砕し、水銀と混ぜて布で濾す。これにより金アマルガム（合金）をつくる。つぎに、それを耐熱容器にうつし、加熱することによって水銀を気化させ、金を得るという仕組みだ。加熱作業にはゲル内のストーブを使うことが多いという。気化の排煙には水銀が含まれる。水銀を含んだ煙が充満するゲルのなかでは、家族の日々の暮らしが営まれる。また、廃棄物は無造作に周辺の大地に捨てられる。雨が降れば汚染物質は川へと流れ込み、その水を家畜が飲み、その家畜を人びとが食らう。

金採掘にかかわる人びとからは基準値をはるかに上回る水銀が検出され、すでに手足の震えなどの水銀中毒特有の症状をみせる人も出始めているという。1950年代には政府系の金鉱山から水銀が大量に川に流出するという事件が起きたが、その汚染が詳らかになったのは、つい最近のことである。このような状況をうけて、政府も水銀の使用規制に積極的にのりだしている。しかし、中国などから不法に持ち込まれる水銀が跡を絶たないという。

われわれのプロジェクトでも、この問題をはじめとする鉱山開発が原因の環境破壊を積極的に取り上げようと考えていた。そして現地リサーチを始めようとしたところ、思わぬ横槍が入り、断念せざるを得なかったという経緯がある。何か大きな影の力の存在を感じた。

日本では足尾をはじめとし、水俣、神通川などで、水質汚染による悲惨な結末が知られている。私の自宅近くを流れる阿賀野川も同様で、発見から40年以上が経った今なお被害者の苦しみは続いている。身近に恐ろしさを体験してきた日本人あるいは日本で学ぶ者が、助言し、手を差し伸べることができる部分は、かなりありそうだ。モンゴルにおけるこの分野の問題に対し、積極的に関わってみたいと、改めて思う。

＊　　＊　　＊

本書で標榜した“モンゴル草原と地球環境問題”というわれわれの取り組みは、まだ始まったばかりである。本書はその一里塚という意味で刊行したものだ。読者諸賢にはご不満な点が多々あったのではないかと不安を覚える。そうならば、それは研究代表者で本書の編者でもある、私の力不足に責任がある。ご海容いただき、長い目で見守っていただければ、幸甚である。

末筆ながら、本書の刊行にあたり、長年にわたりご愛顧を賜っている同成社、とりわけ山脇洋亮氏には多大なご高配をいただいた。深甚なる謝意を表したい。また、出版にあたり新潟大学から多大なご支援をいただいた。関係各位にお礼申し上げ、擱筆としたい。

2010年２月

白石典之

執筆者紹介（50音順、◎は編者）

秋山知宏（あきやま・ともひろ）
1978年、群馬県生まれ。
名古屋大学大学院環境学研究科博士課程修了、博士（理学）。
現在、東京大学大学院工学系研究科特任研究員。専門：水文学。

尾崎孝宏（おざき・たかひろ）
1970年、東京都生まれ。
東京大学大学院総合文化研究科博士課程単位取得退学、修士（学術）。
現在、鹿児島大学法文学部准教授。専門：文化人類学。

小畑弘己（おばた・ひろき）
1959年　長崎県生まれ。
熊本大学法文学部史学科卒業、博士（文学）。
現在、熊本大学文学部准教授。専門：考古学。

加藤雄三（かとう・ゆうぞう）
1971年、東京都生まれ。
京都大学大学院法学研究科博士後期課程単位取得退学、修士（法学）。
現在、総合地球環境学研究所助教。専門：中国法制史。

篠田雅人（しのだ・まさと）
1960年、岐阜県生まれ。
東京大学大学院理学系研究科博士課程単位取得退学、博士（理学）。
現在、鳥取大学乾燥地研究センター教授。専門：気候学。

◎**白石典之**（しらいし・のりゆき）
1963年、群馬県生まれ。
筑波大学大学院博士課程歴史・人類学研究科単位取得退学、博士（文学）。
現在、新潟大学超域研究機構教授。専門：考古学。

相馬秀廣（そうま・ひでひろ）
1950年、神奈川県生まれ。
東京大学大学院理学系研究科博士課程単位取得退学、理学修士。
現在、奈良女子大学文学部教授。専門：自然地理学。

ナチンションホル　G. U.（Nachinshonhor, G. U.）
1965年、中国内モンゴル自治区ハイラル生まれ。

東北大学大学院理学研究科博士課程修了、博士（理学）。

現在、国立民族学博物館外来研究員、横浜市立大学非常勤講師。専門：生態学。

萩原　守（はぎはら・まもる）

1957年、兵庫県生まれ。

大阪大学大学院文学研究科博士課程単位取得退学、博士（文学）。

現在、神戸大学大学院国際文化学研究科教授。専門：モンゴル史。

本郷一美（ほんごう・ひとみ）

1960年、大阪府生まれ。

ハーバード大学人類学部博士課程修了、Ph.D。

現在、総合研究大学院大学葉山高等研究センター准教授。専門：考古学。

松田孝一（まつだ・こういち）

1948年、兵庫県生まれ。

大阪大学大学院文学研究科博士課程単位取得退学、博士（文学）。

現在、大阪国際大学ビジネス学部教授。専門：モンゴル史。

村上恭通（むらかみ・やすゆき）

1962年、熊本県生まれ。

広島大学大学院文学研究科博士課程単位取得退学、博士（文学）。

現在、愛媛大学東アジア古代鉄文化研究センター長・教授。専門：考古学。

村田泰輔（むらた・たいすけ）

1972年、東京都生まれ。

日本大学大学院総合基礎科学研究科博士課程修了、博士（理学）。

現在、鳥取県埋蔵文化財センター青谷上寺地遺跡調査研究員。専門：古生態学。

チンギス・カンの戒《いまし》め

――モンゴル草原と地球環境問題――

2010年2月28日発行

編　者	白《しら》　石《いし》　典《のり》　之《ゆき》
発行者	山　脇　洋　亮
印　刷	三報社印刷㈱
製　本	協栄製本㈱

発行所　東京都千代田区飯田橋 4-4-8
（〒102-0072）東京中央ビル　㈱同成社
TEL　03-3239-1467　振替　00140-0-20618

ISBN978-4-88621-510-9 C1022